SHANQU ERTONG
XINLI YANJIU

山区儿童心理研究

宋兴川 ◎主编

图书在版编目(CIP)数据

山区儿童心理研究/宋兴川主编.—厦门:厦门大学出版社,2019.7
ISBN 978-7-5615-7440-9

Ⅰ.①山… Ⅱ.①宋… Ⅲ.①山区—儿童心理学—研究—中国 Ⅳ.①B844.1

中国版本图书馆CIP数据核字(2019)第146995号

出 版 人	郑文礼
责任编辑	郑 丹

出版发行 厦门大学出版社

社　　址	厦门市软件园二期望海路39号
邮政编码	361008
总 编 办	0592-2182177　0592-2181406(传真)
营销中心	0592-2184458　0592-2181365
网　　址	http://www.xmupress.com
邮　　箱	xmup@xmupress.com
印　　刷	厦门市金凯龙印刷有限公司

开本	787 mm×1 092 mm　1/16
印张	10
字数	215千字
版次	2019年7月第1版
印次	2019年7月第1次印刷
定价	39.00元

本书如有印装质量问题请直接寄承印厂调换

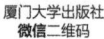

厦门大学出版社
微信二维码

厦门大学出版社
微博二维码

乡村教育的新时代[①]

2018年5月,中共中央政治局召开会议审议《乡村振兴战略规划(2018—2022年)》和《关于打赢脱贫攻坚战三年行动的指导意见》。会议指出,党的十九大提出实施乡村振兴战略,是以习近平同志为核心的党中央着眼党和国家事业全局、顺应亿万农民对美好生活的向往,对"三农"工作作出的重大决策部署,是决胜全面建成小康社会、全面建设社会主义现代化国家的重大历史任务,是新时代做好"三农"工作的总抓手。

乡村振兴计划,是千百年来中国第一次把"三农"问题放在国家优先发展的地位,对于消灭农村绝对贫困具有深远的历史意义。乡村振兴,教育先行。乡村教育的发展为乡村的振兴与飞速发展提供重要的人才保障。

中国是个农业大国,农村尤其是偏远的山区一直是落后的代名词。由于历史、文化的原因,城乡差别是中国社会发展的顽疾。随着改革开放,广大农村的经济、文化和教育获得了长足的发展,由于地理位置的差别,有的乡村占据天时地利,发展日新月异,成为中国新时代的美丽乡村。但是,大部分老、少、边、困,以及偏远的山区仍然比较落后。这些落后的地方是祖国大家庭的一部分,中华民族的复兴与发展也需要它们共同的参与,因此,全社会都应关注乡村教育,关爱乡村儿童尤其是亲子分离儿童,加强偏远山区的义务教育,这对于积极推进中国乡村文明建设具有深远的现实意义。

为结合乡村振兴,积极鼓励有志大学生到乡村支教,我们编写了《山区儿童心理研究》。本书从心理学的视角,关注乡村儿童的社会适应与发展,涉及山区儿童学习动机、自我概念、文化认同、心理健康、社会性发展、价值观,以及未来观等。本书具有以下特点:

体系新。青少年时期是由不成熟走向成熟的过渡期,自我同一性的发展是乡村儿童面临的人生困惑,如何良好地适应社会是解决这个时期问题的关键。为此,本书立足山区儿童最重要的社会适应,从自我概念入手,关注偶像崇拜以及社会性发展。在阐述学习动机的背景下,还关注了山区儿童的心理健康问题。最后对山区儿童的未来观进行分析,并提出了山区儿童的生涯规划主题。全书切中山区儿童当下最为核心的问题,让人耳目一新,启发社会对乡村儿童尤其是亲子分离儿童未来发展的思考。

贴近实际。本书从山区实际出发,基于对山区教育的考察与调研而提出编写大纲,努力做到从实际出发再服务于山区实际。参与编写的人员的所在单位也积极推进对山

[①] 感谢丽水学院教师教育学院2018年特色教材项目的资助。

区儿童教育的研究。有些编写人员是学校乡村研究院的研究人员,他们不仅生活在山区,也都参与山区教师的职后培训,是山区乡村教育问题培训的主讲教师,甚至有些还曾从事过留守儿童的专门研究。

参与性。山区教育振兴需要大批有为大学生积极参与,需要他们怀着满腔热情到祖国最需要的地方建功立业。如何让在校大学生不仅懂得理论,而且有很强的社会责任感?本书每章后增加了媒体资源库,包括一些相关的视频欣赏、参观与体验活动,以及阅读材料,想通过生动的影像和故事,唤醒大学生的乡土情怀与责任,激励他们积极投身到中国梦的大潮中,在新时代的感召下实现自己的人生价值。

格式新颖。书是用来阅读的,除了内容贴近实际外,本书还在格式的编排上做了探究,旨在让大学生拿起书有悦目感,喜欢读,不枯燥。每一章都努力做到既有理论的阐述,也有一定量的案例分析及视频赏析。为了拓展大学生的思路,满足大学生进一步思考与探索的欲望,本书每章最后还增加了相关内容的阅读材料。可以说,本教材力争做到图文并茂,具有一定的可读性。

本书共九章,由宋兴川教授制订详细的编写大纲,先由编写人员收集资料并编写出初稿,然后宋兴川教授逐章节修改,撰写媒体资源库,并充实部分内容,最后由宋兴川教授反复修改定稿。需要提出的是,宋兴矿(延安大学西安创新学院)参加了部分章节的修改。

参与初稿编写的人员及任务如下:王淑华(第一章 绪论);丽水职业技术学院 徐亮,松阳象溪镇靖居中心小学包铭燕,康亚峰(第二章 山区儿童的特点);宋兴矿(第三章 山区儿童的自我概念);宋兴矿,李韦娴(第四章 山区儿童的生命观);丽水学院幼儿师范学院杨英,曾志发(第五章 山区儿童的学习动机);宋兴矿(第六章 山区儿童的价值观);李航,何琳(第七章 山区儿童的心理健康);宋兴矿(第八章 山区儿童的社会适应);石雷山,宋兴川(第九章 山区儿童的未来观)。

本书引用了许多专家关于山区教育的研究资料,相关信息都附在书后的参考文献自中。没有这些宝贵的资料,本书不可能如期地完成,在此对这些专家深表诚挚的谢意!

感谢夏文高、潘思兴、林立武、黄罗家,他们不仅与我交流山区教育,而且还带我到山区学校调研。

由于学识浅薄,教材中一定会存在纰漏,恳请读者提出宝贵的建议。

是为序!

宋兴川
2018 年 11 月

目 录

第一章　绪　　论 ………………………………………………………………… 1

第二章　山区儿童的特点 ………………………………………………………… 11
　第一节　山区儿童的认知特点 ………………………………………………… 11
　第二节　山区儿童的社会性 …………………………………………………… 17

第三章　山区儿童的自我概念 …………………………………………………… 28
　第一节　自我概念 ……………………………………………………………… 28
　第二节　山区儿童的文化认同 ………………………………………………… 36

第四章　山区儿童的生命观 ……………………………………………………… 45
　第一节　山区儿童的安全意识 ………………………………………………… 45
　第二节　山区儿童的生命教育 ………………………………………………… 56

第五章　山区儿童的学习动机 …………………………………………………… 69
　第一节　学习动机 ……………………………………………………………… 69
　第二节　山区儿童学习动机的培养 …………………………………………… 74

第六章　山区儿童的价值观 ……………………………………………………… 84
　第一节　价值观 ………………………………………………………………… 84
　第二节　山区儿童的崇拜 ……………………………………………………… 93

第七章　山区儿童的心理健康 …………………………………………………… 102
　第一节　亲子分离儿童心理健康 ……………………………………………… 102

第二节　山区小学生心理健康 …………………………………………… 108

第八章　山区儿童的社会适应 ……………………………………………… 115
　　第一节　社会适应 ………………………………………………………… 115
　　第二节　山区儿童职业指导 ……………………………………………… 121

第九章　山区儿童的未来 …………………………………………………… 130
　　第一节　山区儿童的未来观 ……………………………………………… 130
　　第二节　山区儿童的理想 ………………………………………………… 138

后记：乡村之恋 ……………………………………………………………… 150

第一章 绪 论

我国农村人口基数大、数量多,但是教育资源有限。随着城镇化,农村经济,特别是山区农村的经济大大落后于城市,也使得城乡教育产生巨大差异。由于教育政策长期倾斜于城市,农村教育也因此落后许多。农村要发展,农民的素质要提高,农村教育振兴势在必行。

一、乡村教育振兴的意义

我国是一个农业大国,农村人口众多,所以乡村教育是我国教育的重要组成部分,它涉及亿万乡村学生的健康成长,在整个教育体系中占有举足轻重的地位。党的十九大报告中明确提出实施乡村振兴战略,并对新时代我国"三农"工作进行了一系列重大部署。其中,乡村的教育振兴是乡村振兴的重要组成部分。

从全面建成小康社会和全面建设社会主义现代化强国的角度看,我国最艰巨、最繁重的任务在乡村,最广泛、最深厚的基础在乡村,最大的潜力和后劲也在乡村。

随着城镇化的加快,乡村教育的发展跟不上当今社会经济的发展,所以乡村教育问题成为影响小康社会全面建成的主要问题。由于乡村教师资源匮乏,教育质量不高,学生家长不看重教育等,极大限制了乡村教育的发展。振兴乡村教育,加强农村基础教育,不仅为农民及其子女在非农业部门就业创造了条件,也为他们在城镇化和工业化的发展过程中提供适应其发展的需要。加强乡村教育,积极推进农村教育的发展,将技术运用于农业生产中有利于改善农业生产经营,促进经济效益的提高,非常有益于三农问题的解决,加快小康社会的建设。大力发展农村教育还有助于培养出高素质、有思想的农村劳动力,为社会主义新农村建设提供了良好的人力资源和和谐稳定的社会环境,促进小康社会的全面建成。

全面建成小康社会的重要前提是要我们重新认识农村教育,重视农村教育,大力推进农村教育的发展,所以振兴乡村教育具有深远的社会意义。

对现代农业来说,劳动者的职业知识技能一直是乡村社会经济改革和发展的核心要素,它不仅可以满足现代农业对劳动力的需求,也是现代农业技术创新的核心智力支撑。乡村教育是新时代做好"三农"工作的重要抓手,必须落实好这个先手棋。无疑,山区基础教育是乡村振兴的重中之重。

我国的教育,尤其是农村教育事业的发展水平与农村经济社会发展的强烈需求、与广大农民群众的殷切期望还有很大的差距。农村教育整体薄弱现象仍然没有从根本上得到扭转,存在着许多亟待解决的困难和问题。山区儿童是我国农村儿童的一种,由于他们所处地区地理位置的偏僻,在接受基础教育时面临更多的困惑,是需要教育部门关注的群体。

二、山区儿童

山区儿童,顾名思义就是生活在山区的乡村儿童,也有少数随父母进城,在父母工作的地方上学的。在农村生活的孩子们,一类是父母在家务农的家庭的孩子,一类就是父母外出打工,老人看管的家庭的孩子。无论是哪一类,农村孩子上学的艰辛都令人心疼,而后一类孩子,也就是人们口中的"留守儿童",他们的教育更加关键,也更加困难。

山区儿童的发展现状并不十分乐观,大部分是因为家长的教育观念落后,且隔代教育现象严重,文化层次不高。乡村家长大部分重视的是儿童身体上的教育,而忽视了儿童心理还有社会方面的教育。还有一部分过于重视儿童智力的培养,而忽视了其他能力的培养。家长的这些行为导致了一些孩子虽然很聪明,但是生活自理能力差,一些孩子记忆力虽然很好,但是动手能力不强。大部分山区的乡村儿童的语言能力还有认知能力都落后于城市儿童。农村占我国人口的大多数,农村的基础教育是我国义务教育的重要组成部分,由于长期的城乡差别,乡村儿童的发展情况并不良好,所以振兴乡村教育是十分必要的。

三、山区教育现状

(一)师资力量薄弱,教师负担重

乡村缺乏师资,许多教师要同时兼顾许多门课程,才能满足对孩子知识传播的需要。山区教师一般工作量大,他们往往身兼数职,既要当老师,又要关注学生的生活与安全。有些偏远山区没有专职教师,音乐课的教学依然采用老师唱一句、学生跟唱一句的教学模式,对英语教学也不够重视,特别是在发音上存在方言的影响因素,使得小学生的英语发音不够准确,这些都是师资缺乏没有得到改善的体现。

(二)教学方法随意,教学内容缺乏乡土性

城镇化使得乡村儿童的教育不是十分理想,使教育脱离了实际。因为资源上,乡村并没有博物馆、美术馆等在城市中触手可及的东西,孩子们不能理解老师口中说的东西是什么。许多乡村教育的定位不够明确,存在着很大的随意性,根本没有根据孩子的不同特点作出教育政策的相应调整。教育内容也没有从乡村孩子的立场出发,灌输式的教育破坏了儿童和大自然亲近的关系,没有考虑到乡村儿童的兴趣爱好,没有关注乡村儿童的成长特点与认知发展。

(三)家长不重视教育

部分乡村家长潜意识里认为,农村孩子学业有成的概率不高,对孩子的学习总体期望值较低,缺乏硬性约束。父母忙于生计,多外出打工,对孩子的学习及行为疏于管教,

孩子学习动机不足。

监护人对亲子分离儿童学习介入过少,加之他们还要承担家务劳动和田间农活,根本没有时间学习。由于父母不在身边,儿童和监护人之间关系特殊,只要不犯大错,监护人对孩子的行为一般都采取认可态度,由于缺乏及时有效的约束管教,部分亲子分离儿童学习散漫,存在行为偏差。

(四)教育亲子分离儿童困难多

许多亲子分离儿童的出现也造成了山区教育的诸多问题。由于他们缺乏亲情,容易形成以自我为中心,自私霸道等极端的性子,还易出现厌学、盲从等行为问题。这些自然是不利于他们的学习、成长与生活的。他们与父母的沟通较少,很多处于幼儿阶段的儿童在父母务工回家时对父母投以陌生和惧怕的眼神,不愿让父母抱,更不愿开口叫父母;而处于义务教育阶段的儿童甚至也只是在父母给生活费的时候才感受到父母的温暖,亲子情结淡化、沟通冷漠化。

(五)教学条件较差

教学条件简陋,电脑等多媒体设施少之又少。乡村小学普遍缺少先进的教学设备,乡村小学仍然只使用粉笔、黑板进行教学,对于语言学习来说,这显然是枯燥无聊的,甚至很多农村的小学体育场还是砂石跑道,足球场也没有铺设人工草坪,这对于学生的体育锻炼存在受伤的隐患,至于其他的体育锻炼设施更是没有,使得学生课间玩的多数是自制的娱乐用具。

四、山区教育的困境

(一)教育投入不足,教学手段落后

教育离不开经济,由于地方经济发展落后,山区学校通常教学资源匮乏,办学条件差。由于经费不足,一些农村学校教育设备不够完善,现代信息化设备极其短缺,制约了学校现代教育手段的发展,影响了师生与外界的交流。山区乡村学校对学生的教育大多都是书面教育和口头教育,一些能够发挥儿童想象力的课程受到了限制。在教育信息化的今天,教学手段的落后会限制学生各种潜力的发展。

(二)学校师资不足,教师缺乏职业认同

乡村教师师资力量薄弱,尤其音体美教师极为缺乏,许多老师要同时兼顾多门学科。教学任务多,甚至严重超额,很难想象一个人怎么应付如此繁重的工作,因此许多山区教师无法全身心投入自己的专业学科,更没有余力进行教学研究。

乡村许多小规模学校还普遍存在师资队伍年龄结构整体偏高、学历偏低、知识储备不够等不足之处,教师授课时照本宣科的情况屡见不鲜,教师观念保守落后,固化的思维限制着创新性的发挥,长年累月做着重复式的教学工作,带来了职业倦怠感与疲惫感,毫无教学成就感与工作乐趣可言。长此以往,教师自身的职业认同感逐渐降低了。部分教师甚至表明,如果可以重新选择职业,绝不会成为乡村教师。乡村教师群体较低的职业认同感难以引发他们的工作热情,极大地阻碍了他们自身的专业发展。

(三)教师缺乏教育热情,容易产生职业倦怠

乡村小规模学校教师长期工作于闭塞、落后的乡村地区,对外界学校的实际情况欠了解,缺少对比,眼界往往不够开阔。在日常教学工作中,他们将更多的重心放在了学生的暂时性学习成绩上,没有属于自己的教学理念,更是缺乏对自身进行专业发展规划的意识。许多教师的专业发展意识并没有随着工作年限的增加和实践经验的积累而逐步强化,反而处于停滞不前的状态,甚至逐渐淡化。许多山区教师缺乏教育的热情,明显表现出职业倦怠。

(四)教师流失严重

多数师范毕业生表示不愿意到乡村学校任教。当拥有岗位调动的机会时,经验丰富、资历较高的教师往往会选择离开,去拥有雄厚教学资源的城市学校发展。乡村小规模学校因此面临着招收不到新教师与优秀教师流失的双重障碍。这也加剧了乡村小规模学校原本就已存在的教师缺额问题。教师队伍长时间得不到更新,教师之间在专业能力方面也并无太多借鉴之处。学校方面也有不足,许多小规模学校的管理者认为,科研活动是城市学校教师的事情,乡村教师的主要任务就是搞好教学。如果乡村教师将自己的时间和精力都投入到教研活动上,那必然会影响教学效果、降低教学质量。

(五)亲子分离儿童心理问题多

随着城镇化的发展,农村富余劳动力开始流向城市,农村出现了大量的亲子分离儿童。他们在学习、教育、心理、安全等方面出现很多问题,进一步造成了教育困境。在学习方面,由于父母不在身边,进而使他们产生了思念父母的情绪,或者偷懒的情绪,使得这些学生动力不足、学习成绩不理想。在心理方面,这些儿童由于父母外出打工,面对那些父母在身边的同学容易产生自卑心理,而自卑的感觉一旦出现并且形成,那么它将作为一个负面情绪而存在,严重影响儿童的身心健康。由于照顾他们的都是爷爷奶奶,他们的内心世界无法得到关注,容易因为缺乏关爱而产生逆反心理。在思想方面,部分外出打工的家长采用金钱的方法来弥补孩子亲情缺失的问题,从而培养了孩子功利主义和享乐主义的不健康人生观。由于父母常不在身边,他们还缺乏自我道德约束,缺乏对社会的责任感,他们无法建立起对他人的尊重情绪。

(六)教学管理僵化,教师缺乏创造性

片面的管理方式严重制约了教师的专业发展,教师的专业研究权利被无情剥夺,每天的工作任务被固化,完成单调重复的教学活动与应付琐碎复杂的学校各项事务成为教师们的重要使命。在固化的测验模式及以成绩作为考评教师的标准之下,教师只能选择将精力全部投入死板的教学工作中,科学研究与专业发展只能成为空想。传统自上而下的管理模式泯灭了教师的独立性与创造性,压制了教师的个性发展,限制了教师自主权的发挥,造成教学的死板,学生失去学习的热情。同时,经费及硬件条件的制约使教师外出培训和自我充电的机会较少,这更加不利于教师力量的发展。

五、山区教育的发展举措

(一)加大投入力度,提高办学水平

农村学校的教学设备不够齐全,而且每年都有因为不具备上学条件或者学习情况不理想而辍学的孩子,所以我们需要加大对农村教育的资金投入力度,政府需要从财政上进行固定的投入,也要积极吸纳社会爱心人士的帮助。随着社会的发展,国家要逐年加大扶持的力度,有效地利用一些教育基金或从省级、区级、乡镇级的教育经费里抽出一部分来完善教学设备,提高办学水平。

(二)加大师资配备力度,提高农村教师教学能力

师资缺乏和专业教师缺乏是制约农村学校发展的瓶颈,应该扩大编制配备教师,完善农村教学师资队伍的建设,稳定农村教师队伍,提高农村教师待遇标准,这样教师才能精心组织教学内容和教学过程,正确处理教学过程中出现的各种问题。教研部门应定期组织农村教师进行教学经验的研讨,组织教师进行学习和讨论。提高农村教师教学能力。

(三)注重教师的专业成长

教师要注重对自己的日常教学行为进行反思,培养自我反思能力。教师应从多视角对自身的工作进行反思。基于学生的视角,教师应从学生的成长以及家长的反馈意见来进行反思,反思是否遵循了以人为本的教学理念;在课堂中是否发挥了学生的主体地位;如何提升学生的学习积极性以及培养学生的学习兴趣等。基于自身的视角,教师首先应反思自身的教学方式是否真正做到了因材施教;其次要反思自己是否通过多种发展途径进行了创新与进步;最后,要善于利用周围人对自身的评价,并不断向优秀的教育专家学习,以彼之长补己之短。

(四)提高教师的收入

应为乡村小规模学校设立特殊的津贴机制,提高乡村教师的收入。在保证工资待遇的前提下,国家也应继续实施对乡村学校的扶持政策,从而吸引更多优秀的年轻教师投身乡村教育,为小规模学校注入新鲜的血液。更要发挥优秀教师的领导核心作用,协同提升小规模学校教师的整体质量,提升乡村教师群体的综合素质。这对于促进小规模学校教师的专业发展具有十分深远的意义。

(五)注重家庭教育,关注亲子分离儿童

应该加强家庭教育的宣传,家庭教育是学校教育和社会教育的基础,家庭教育对孩子心理健康和成长起关键性作用。亲子分离儿童的父母大多在外打工,对孩子的关心和照顾不多,极大地影响孩子身心健康的发展。通过加强对家庭教育的宣传,希望家长多花一些时间关心孩子。如果家长在外打工,可以通过电话、视频聊天等方式了解孩子的生活状况,也应该多与老师交流了解孩子的学习情况和心理发展。

（六）构建社会、学校与家庭的教育网

亲子分离儿童的出现是一个社会问题，整个社会都要关注这些儿童的教育，社会、学校和家庭要结合起来，根据自己的特点，协同起来形成教育合力。

学校教育在家庭教育和社会教育之间起到了枢纽的作用，学校应该建立关于亲子分离儿童的家庭状况、学习成绩、行为习惯和心理健康等方面的档案，及时了解儿童的现状，关注他们的发展状况，积极与家长做好交流和沟通，确保他们在学校也能受到良好的教育。为此，学校应分析亲子分离儿童的成长特点，制订相关培养计划、建立过程发展档案，促进亲子分离儿童健康发展。

六、山区儿童未来发展的问题

（一）学会独立处理事情

农村孩子信息闭塞，加之父母文化水平低，他们的未来更多的是靠自己，很多事情只能自己一步步去摸索。与之不同的是城市的孩子，大多数事情都是父母在操心，读什么学校，考什么样的专业，进什么样的公司，父母都能够有很好的意见作为指导，所以少走很多弯路。

（二）缺乏人生导师的指导

很多农村的孩子并不知道自己为什么读书，自己擅长什么，或者对什么东西感兴趣，因为除了学习这件事以外，他们觉得其他事情都与自己无关，毕竟兴趣是需要花费很多金钱和精力的，所以许多家长望而却步，而孩子也只能迫于家庭条件放弃。即使读了大学，许多农村孩子对于专业的选择以及未来的生涯规划也是一无所知，甚至没有人可以给他们建议。如果有亲戚在城市生活过，农村孩子一般都会去询问他们的意见。如果父母都是在家务农的农民，对于孩子的将来，很多人是不知道如何去指导的。

（三）父母只能给予经济上的资助

农村父母只能在孩子需要钱的时候给予全力的帮助支持，至于孩子从事的工作，他们统统叫上班。对父母而言，只要孩子在外面有一个工作，有一份收入，他们就觉得很不错。当然父母更不愿意孩子跳槽、辞职，觉得这是丢掉工作的行为，至于选择什么行业、有没有前途，他们也不知道。

（四）学习生活单调、缺乏兴趣的满足

儿童活泼好动，有很强的好奇心，喜欢探索未知的世界。由于农村教育相对落后，尤其因资源、环境、条件等的限制，农村孩子除了读书，较难发展其他兴趣爱好，这限制了乡村孩子个性的发展，和城里孩子相比，他们无法得到全面的发展。

（五）从事简单的打工，影响了聪明才智的发挥

对于农村孩子来说，读书的目的就是找到一份稳定的工作，不读书的出路要么在家种地，要么去打工，很难再找到一条合适的道路。即使很多读完书了，也是去打工，与其

耗费这么多钱财和时间去拼得更高的学历再来打工，不如早早就到社会打工积累经验，所以很多农村人，每当这样一对比，他们只要没法读书了，就放弃了，直接去打工。

媒体库

一、资源拓展

1.视频赏析
（1）《最美乡村教师》
http://www.iqiyi.com/w_19rx2r2wt9.html

（2）《孝感乡村教师守望"留守学生"17年》
https://www.iqiyi.com/v_19rr8t7baw.html

2.体验与感悟
(1)参观一所乡村小学。
(2)访问一位工作多年的乡村教师。
3.讨论
乡村振兴战略与教育的关系。

二、阅读

提高农村民生保障水平,塑造美丽乡村新风貌

乡村振兴,生活富裕是根本。要坚持人人尽责、人人享有,按照抓重点、补短板、强弱项的要求,围绕农民群众最关心、最直接、最现实的利益问题,一件事情接着一件事情办,一年接着一年干,把乡村建设成为幸福美丽新家园。

(一)优先发展农村教育事业

高度重视发展农村义务教育,推动建立以城带乡、整体推进、城乡一体、均衡发展的义务教育发展机制。全面改善薄弱学校基本办学条件,加强寄宿制学校建设。实施农村义务教育学生营养改善计划。发展农村学前教育。推进农村普及高中阶段教育,支持教育基础薄弱县普通高中建设,加强职业教育,逐步分类推进中等职业教育免除学杂费。健全学生资助制度,使绝大多数农村新增劳动力接受高中阶段教育、更多接受高等教育。把农村需要的人群纳入特殊教育体系。以市县为单位,推动优质学校辐射农村薄弱学校常态化。统筹配置城乡师资,并向乡村倾斜,建好建强乡村教师队伍。

(二)促进农村劳动力转移就业和农民增收

健全覆盖城乡的公共就业服务体系,大规模开展职业技能培训,促进农民工多渠道转移就业,提高就业质量。深化户籍制度改革,促进有条件、有意愿、在城镇有稳定就业和住所的农业转移人口在城镇有序落户,依法平等享受城镇公共服务。加强扶持引导服务,实施乡村就业创业促进行动,大力发展文化、科技、旅游、生态等乡村特色产业,振兴传统工艺。培育一批家庭工场、手工作坊、乡村车间,鼓励在乡村地区兴办环境友好型企业,实现乡村经济多元化,提供更多就业岗位。拓宽农民增收渠道,鼓励农民勤劳守法致富,增加农村低收入者收入,扩大农村中等收入群体,保持农村居民收入增速快于城镇居民。

(三)推动农村基础设施提挡升级

继续把基础设施建设重点放在农村,加快农村公路、供水、供气、环保、电网、物流、信息、广播电视等基础设施建设,推动城乡基础设施互联互通。以示范县为载体全面推进"四好农村路"建设,加快实施通村组硬化路建设。加大成品油消费税转移支付资金用于农村公路养护力度。推进节水供水重大水利工程,实施农村饮水安全巩固提升工程。加快新一轮农村电网改造升级,制定农村通动力电规划,推进农村可

再生能源开发利用。实施数字乡村战略,做好整体规划设计,加快农村地区宽带网络和第四代移动通信网络覆盖步伐,开发适应"三农"特点的信息技术、产品、应用和服务,推动远程医疗、远程教育等应用普及,弥合城乡数字鸿沟。提升气象为农服务能力。加强农村防灾减灾救灾能力建设。抓紧研究提出深化农村公共基础设施管护体制改革指导意见。

(四)加强农村社会保障体系建设

完善统一的城乡居民基本医疗保险制度和大病保险制度,做好农民重特大疾病救助工作。巩固城乡居民医保全国异地就医联网直接结算。完善城乡居民基本养老保险制度,建立城乡居民基本养老保险待遇确定和基础养老金标准正常调整机制。统筹城乡社会救助体系,完善最低生活保障制度,做好农村社会救助兜底工作。将进城落户农业转移人口全部纳入城镇住房保障体系。构建多层次农村养老保障体系,创新多元化照料服务模式。健全农村留守儿童和妇女、老年人以及困境儿童关爱服务体系。加强和改善农村残疾人服务。

(五)推进健康乡村建设

强化农村公共卫生服务,加强慢性病综合防控,大力推进农村地区精神卫生、职业病和重大传染病防治。完善基本公共卫生服务项目补助政策,加强基层医疗卫生服务体系建设,支持乡镇卫生院和村卫生室改善条件。加强乡村中医药服务。开展和规范家庭医生签约服务,加强妇幼、老人、残疾人等重点人群健康服务。倡导优生优育。深入开展乡村爱国卫生运动。

(六)持续改善农村人居环境

实施农村人居环境整治三年行动计划,以农村垃圾、污水治理和村容村貌提升为主攻方向,整合各种资源,强化各种举措,稳步有序推进农村人居环境突出问题治理。坚持不懈推进农村"厕所革命",大力开展农村户用卫生厕所建设和改造,同步实施粪污治理,加快实现农村无害化卫生厕所全覆盖,努力补齐影响农民群众生活品质的短板。总结推广适用不同地区的农村污水治理模式,加强技术支撑和指导。深入推进农村环境综合整治。推进北方地区农村散煤替代,有条件的地方有序推进煤改气、煤改电和新能源利用。逐步建立农村低收入群体安全住房保障机制。强化新建农房规划管控,加强"空心村"服务管理和改造。保护保留乡村风貌,开展田园建筑示范,培养乡村传统建筑名匠。实施乡村绿化行动,全面保护古树名木。持续推进宜居宜业的美丽乡村建设。

(资料来源:节选自《2018中央一号文件全文内容:关于实施乡村振兴战略的意见》http://www.mnw.cn/news/top/1936422.html)

参考文献

[1]杨树霞.有效性:农村小学英语教学的问题检视与对策[J].江苏教育研究,2010(22):46-48.

[2]刘颖.农村小学英语教师数量"短缺"问题研究——基于吉林省的调研[D].长春:东北师范大学,2010.

[3]唐玉光.教师专业发展和教师教育[M].合肥:安徽教育出版社,2008:1-2.

[4]徐君.校本教研:农村教师专业发展的"治本之策"[J].课程教材教法,2006(3)93-96.

[5]李同胜.数学素质教育教学新体系实验研究报告[J].教育研究,1997(6):55-59.

[6]李同胜,等.跨世纪基础教育管理体制改革的思考[J].临沂师范学院学报,2000(4):42-43.

[7]李同胜.关于农村中小学校长专业发展的对策思考[J].继续教育研究,2009(8):52-54.

[8]李同胜.高师院校基础教育实验的实践与认识[J].教书育人,2002(5):4-6.

[9]李同.乡村学校本土课程资源的开发与利用研究[M].北京:教育科学出版社,2015:283-323.

[10]王勇基.为留守儿童撑起一片蓝天[M].北京:光明日报出版社,2010:185-385.

[11]姚国.农村中小学校长素质现状调查研究[J].当代教育科学,2011(16):31-34.

[12]王绪堂.挖掘乡村本土资源 彰显课程乡土特色[J].教育教学论坛,2016(23):273-274.

[13]刘伟."道场式"异步教学[J].创新教育,2015(6):76-77.

第二章　山区儿童的特点

改革开放以来,农村教育的面貌发生了很大的改变,但是农村教育整体薄弱的状况仍然没有得到根本的扭转。农村教育是我国教育事业的重要组成部分,基础教育落后的状况已严重地影响到了经济和社会的可持续性发展。关注农村儿童的心理发展特点,尤其是边远山区农村和少数民族地区,这是提升农村儿童教育水平,促进社会和谐发展的重要举措。

第一节　山区儿童的认知特点

认知发展是儿童心理发展的基础。智力就是一般认知能力,不同地区的经济、政治、文化、风俗习惯、宗教信仰以及家庭环境对于儿童的智力发展有着重大影响。由于山区交通闭塞,经济比较落后,城市儿童与山区儿童在智力方面存在一定的差异。在智力中,儿童的记忆和思考对他们的学业成绩有重要影响。

一、认知

(一) 智力

认知是指通过心理活动获取知识,如形成概念、知觉、判断或想象等。习惯上将认知与情感、意志相对应。认知是个体认识客观世界的信息加工活动,包括感觉、知觉、记忆、想象、思考等,这些认知活动按照一定的关系组成一定的功能系统,完成对个体认识活动的调节作用。在个体与环境的作用过程中,个体认知的功能系统不断发展并趋于完善。一般认为,认知能力也就是智力。

智力可被看作个体的各种认知能力的综合,特别强调解决新问题的能力,抽象思维、学习能力,以及对环境的适应能力。

智力也是大脑的功能,是由人们认识和改造客观事物的各种能力有机地综合组成的,主要包括观察、想象、记忆、思维、实践操作活动和适应环境等方面的能力,其核心是思维能力,它保证人们能有效地进行认识活动。

一个人的智力通过一个相对的分数表达出来,这就是智商。心理学认为,智商就是智力商数,系个人智力测验成绩和同年龄被试成绩相比的指数,也是衡量个人智力高低的标准。智商概念是美国斯坦福大学心理学家特曼教授提出的。教育学家戴维

·珀金斯提出的真智力理论认为,人的智力分三大类:神经智力、经验智力和反省智力。而现今的智商测试测量的主要是神经智力和经验智力,还有更多的智力领域没有涉及,如求知欲、自控能力、创造力和沟通能力等。智商测试并不能完全反映一个人的智力。

智商与遗传因素的关系远大于社会环境因素。据英国《简明不列颠百科全书》"智力商数"词条载:根据调查结果,70%～80%智力差异源于遗传基因,20%～30%的智力差异系受到不同的环境影响所致。智商的作用主要在于更好地认识事物。智商高的人,思维品质优良,学习能力强,认识程度深,容易在某个专业领域作出杰出成就,成为某个领域的专家。调查表明,许多高智商的人成为专家、学者、教授、法官、律师、记者等,在自己的领域有较高造诣。

(二)智力因素与非智力因素

心理学认为,智力因素包括注意力、观察力、记忆力、想象力和思维力等;非智力因素包括动机、兴趣、情感、意志和性格等。学习活动是一个非常复杂的过程,各种智力因素和非智力因素交织在一起共同影响着我们学习的进程。智力因素作为心理过程中的认识过程直接影响着我们的学习活动,而非智力因素虽然不直接参与认识过程,却是学习活动赖以高效进行的动力因素。对儿童学习而言,两种因素都发挥着各自独特的重要的作用。

智力因素实际发挥作用时,是作为一个完整的整体发挥作用的。在智力活动中,非智力因素各自发挥其独特的作用,并且各个因素发挥作用的水平也不一样。智力因素是智力活动的执行者,是智力活动的操作系统;非智力因素是智力活动的调节者,是智力活动的动力系统。

智力因素和非智力因素之间既存在很大的差别,又密切联系、互相制约、互为条件、彼此促进。学习活动就是智力因素和非智力因素两个系统共同参与的过程,学习成绩是这两个系统相互协调、共同发挥作用的结果。

智力活动是主动而复杂的心理过程,不仅各智力因素互相影响,还和其他心理过程错综复杂地交织在一起,形成完整的内部状态系统,所以不能离开整个心理状态,孤立地研究智力发展。智力以外的许多心理因素,如兴趣、情感、意志等,虽然不能直接实现认识过程,却在很大程度上影响认识的过程和结果,影响智力的发展。许多追踪研究的结果告诉我们,不属于智力因素的个性心理品质,即非智力因素,对智力发展起着长效作用。

专家们普遍认为,学生的学习成绩和效果是其智力因素与非智力因素综合作用的结果,其中智力因素占25%,非智力因素占75%,所以,要提高学生的学习成绩不仅要重视智力因素的开发,还要重视非智力因素的培养。

二、山区儿童的认知发展

（一）认知发展理论

1.皮亚杰的认知发展理论

瑞士心理学家皮亚杰提出认知发展理论，该理论认为儿童是积极主动的探索者，不是仅仅依靠被动强化来获取知识，而是通过操作和探索世界来主动建构知识，不仅获得了更多的信息，而且知识和理解的性质也发生了变化。儿童构建图式达到思维和经验的认知平衡，通过同化和顺应两个过程。其中，同化是将新经验纳入原有图式；顺应是改变原来图式以适应新经验。同化和顺应两种适应方式，促成了认知的发展，导致了认知图式的重组，而重组后的图式又进一步同化刺激，这样反复循环进行。

根据皮亚杰的理论，儿童认知发展可分为感知运动阶段（0～2岁）、前运算思维阶段（2～7岁）、具体运算思维阶段（7～11岁）和形式运算思维阶段（11～15岁）四个阶段。

处于感知运动阶段的儿童，主要的认知结构是感知运动图式。他们借助图式协调感知输入和动作反应，并依靠动作去适应环境。儿童在刚出生的两年内几乎只有反射活动，但通过这一阶段的发展，能够逐渐成为对其日常生活环境有初步了解的问题解决者。

处于前运算思维阶段的儿童能够将感知动作内化为表象，建立起符号功能，能通过心理符号（主要是表象）进行思维，从而使思维有了质的飞跃。其特点如下：(1)泛灵论，把人的意识推广到无生命的事物上；(2)自我中心主义，只从自己的观点看世界，很难认识他人的观点；(3)缺乏层级类概念，也就是说不能理顺整体和部分的关系；(4)思维的不可逆性，认识不到改变了的形状或方位还可以回到原状或原位，也缺乏对这种事物之间变化关系的可逆运算能力；(5)缺乏守恒，认识不到当事物表面特征发生某些改变时，其本质特征并未发生变化。

在具体运算思维阶段，儿童的认知结构由前运算思维阶段的表象图式演化为运算图式，走出自我中心主义，并且开始具有守恒性、可逆性。这一阶段的心理操作着眼于抽象概念，但思维活动仍需要具体内容作为支持。

进入形式运算思维阶段后，思维发展到了抽象逻辑推理水平。思维形式摆脱思维内容，能够摆脱现实的影响，关注假设的命题，可以对假设命题作出逻辑的和富有创造性的反应。进行假设—演绎推理。假设—演绎推理是先提出各种解决问题的可能性，再系统地评价和判断正确答案的推理方式。假设—演绎推理的方法分为两步，首先提出假设，提出各种可能性；然后进行演绎，寻求可能性中的现实性，寻找正确答案。

2.维果茨基的认知理论

苏联著名心理学家维果茨基的社会文化观强调文化对认知发展的影响。他提出儿童的认知发展既不是其内在成熟的结果，也不完全取决于儿童的自主探索。要发展心智，儿童必须掌握文化提供给他们的智力工具——语言、文字、数学符号及科学概念等，其中最重要的无疑是语言,它使儿童在低级心理机能的基础上形成各种新质的心理机能。当儿童尚不能用语言这一工具组织自身心理活动时,心理活动的形式是"直接的和不随意的、低级的、自然的"。而在掌握语言这一工具之后,才能转化为"间接的和随意的、高级的、社会历史的"心理技能。这种心理活动形式,最初是作为外部形式的活动而形成,后来才逐渐"内化"。

维果茨基认为高级心理功能只有经过适当的教育才能获得。他在"最近发展区"思想的基础上,提出"教学应当走在发展的前面",强调"学习的最佳期限",以便发挥教学的最大作用。

(二)认知发展特点

山区通常属于欠发达农村地区,生活环境的丰富性以及教育水平均不及城区。从总体上看,城区儿童认知能力发展最好,乡镇儿童学生次之,山区儿童较差。《当代中国儿童青少年心理发育特征——中国儿童青少年心理发育特征调查项目总报告》表明,城市儿童与乡镇儿童的认知能力都显著优于农村儿童,在视知觉—空间能力、推理能力等方面,农村儿童远不及城市儿童。从地区差异看,发达地区与欠发达地区儿童在认知能力上存在显著差异,中等发达地区儿童的认知能力也优于欠发达地区的。发达地区及中等发达地区儿童在注意力、记忆力、视知觉—空间能力等方面均优于欠发达地区儿童。

认知能力的城乡差异还表现为城区、乡镇和山区儿童认知能力的内在结构差异,其中山区儿童的注意力优于记忆力,记忆力优于推理能力。

儿童的认知能力与父母支持、师生关系、友谊质量等环境因素之间均存在显著的正相关关系。拥有较好的学习和交友环境,能够得到父母更多帮助和关爱,与教师关系较为亲密,能正确应对同伴压力和同伴间冲突,以上因素均对山区儿童认知能力的提高具有积极作用。

家庭教育非常重要,父母学历越高,越能够给孩子提供较好的学习环境。城区父母学历为高中或大专及以上的人数比例较高,而乡镇和山区父母学历大多为小学或初中。有研究发现,城区儿童父母高学历的比例最大,城区儿童的认知能力也最强;而乡镇和山区儿童的父母高学历的比例较低,乡镇和山区儿童的认知能力也较差。

李慧勤等(2017)也研究发现,城镇儿童每周阅读次数明显比农村儿童多,且城镇家长也比乡村家长更懂得挑选和朗读儿童读物。城乡儿童阅读开始的年龄都太晚,家长获取亲子阅读方法的渠道有限,文字习得、故事处理和自主阅读能力都比较薄弱。同时,家长对亲子阅读目的把握不够准确,功利心比较强,影响了孩子阅读兴趣和阅读能力的提高。

三、山区儿童记忆的特点

记忆是在头脑中积累和保存个体经验的心理过程,运用信息加工的术语讲,就是人脑对外界输入的信息进行编码、存储和提取的过程。人们经历过的事情、思考过的问题、体验过的情感,都会在头脑中留下印象,其中一部分会长时期保留,知识识记起着至关重要的作用,因此记忆是最基本的一种认知能力。

学龄前儿童由无意记忆占主导地位,但进入小学后,儿童的学习动机不断被激发,学习兴趣得到发展,学习目的日益明确,有意记忆也随着年龄增长而逐渐占据主导地位。同时,由于认知功能发展尚不成熟,儿童对教材理解不透彻,加上传统的教学方法要求逐字逐句熟记,机械记忆在山区儿童的记忆中占据主导地位。但随着山区儿童认知功能的不断发展,加上素质教育对儿童逻辑加工能力提出了更高要求,山区儿童的有意记忆也日益发展,通常三年级以后逐渐占据主导地位。此外,儿童的记忆由形象记忆向抽象记忆过渡。小学时期儿童擅长具体形象的记忆,而且抽象记忆能力不断发展,进入高年级后,抽象记忆逐渐开始占据优势。

进入小学后,儿童的记忆能力和记忆策略都较幼儿有了显著发展。小学生的记忆水平高于学龄前儿童,他们可能采用记忆策略——复述、组织、精细加工等。研究发现,面对同样的记忆任务,不同年龄的儿童会采用不同的记忆策略。给儿童呈现以下词语——猫、树、卡车、香蕉、熊、橘子、自行车、狗、帽子、苹果、旗帜、马,每个词语呈现5秒。在最后一个词语呈现完30秒后,让儿童回忆尽可能多的词语(Younger, Adler & Vasta, 2012)。为了帮助记忆,有的儿童不断复述每个词语,这种记忆策略在低年级小学生中使用较多。有的儿童会把词语分组,比如分成动物和非动物两类。10岁以前的小学生大多不会自己选用按类分组的组织策略。有些高年级小学生则会采用精细加工的记忆策略,比如根据词语想象出一个故事情节,以此加强自己对词语的记忆。在面对一项记忆任务时,有些儿童可能会使用多种记忆策略,而且会根据不同的问题选择不同的记忆策略。

小学时期儿童的工作记忆迅速发展。所谓工作记忆,是指人们在认知加工的过程中暂时储存信息的系统。研究表明,工作记忆有两个发展的转折期,分别为8岁和12岁,8岁之后儿童从依赖于视觉工作记忆转变到更多地使用语音工作记忆(慕德芳,2014)。

随着元认知的发展,不同年龄的儿童对记忆过程的认识是不同的,年龄大的儿童知道如何去记忆,也能较准确地评估自己的记忆能力。元记忆指的是关于记忆的知识或认知活动,是人们对自己记忆过程的理解和认识。元记忆在小学阶段发展很快,但水平有限,尚不能普遍而灵活地对记忆本身的知识和技能加以掌握,而取决于儿童一般知识经验的丰富程度。

城市儿童接受教育早于农村儿童,所学、所见的知识要更多,接触范围广,而农村儿童有的到了入学年龄,由于条件所限,未能及时受到良好教育。因此,总体上来说,山区儿童的记忆能力和记忆方法弱于城市儿童。城区儿童在记忆力、注意力和推理能力上均明显优于乡镇和山区儿童,但后两者之间的差异均不显著(张铁、王长勇,2012)。

四、山区儿童思维的特点

小学时期是儿童思维发展的重要转折期。进入小学后,各类学习和实践活动都对儿童提出了更高的要求,与他们在学前期已经达到的思维水平之间产生的矛盾促使儿童逐渐开始运用抽象概念进行思维。我国心理学家朱智贤指出,从以具体形象思维为主要形式,逐步过渡到以抽象逻辑思维为主要形式,是小学生思维发展的基本特点[①]。小学生在表征与概括能力、判断与推理能力等方面都会发生显著变化,但其抽象逻辑思维仍然直接与感性经验相联系,具有很大的具体性。由于山区的教育条件和经济发展有限,山区儿童的接触面小,对外界认知水平相对落后,他们的抽象逻辑思维也受其生活经验的限制。一般认为,从具体形象思维发展到抽象逻辑思维的关键年龄在四年级(10~11岁)。如果所接受的教育较为得法,儿童思维发展的关键年龄也可能略有提前。在小学阶段,儿童的思维结构趋于完善,但具体到不同的思维对象,这种发展也存在着很大的不平衡性。山区学校的教学水平通常较为落后,教育方式比较传统、单一,山区儿童的思维发展比起城市儿童较为落后。进入初中阶段以后,儿童的抽象逻辑思维进一步发展。

思维发生和发展过程中表现出的个性差异,被称为思维品质。小学生思维品质包括敏捷性、灵活性、深刻性、创造性和批判性,五个方面都在不断发展。在敏捷性方面,小学生运算速度提高,解决问题的正确性提升;在灵活性方面,常常能"一题多解";在深刻性方面,推理的间接性在不断增强,能够不断掌握运算法则,认识事物数量变化的规律性;在创造性方面,开始能主动地、独特地发现新事物,提出新见解,解决新问题;在批判性方面,随着儿童"自我监控"和"元认知"能力的发展,他们逐渐对已知结论或他人意见不再轻信盲从,善于发现与纠正错误。

相比城市,农村的经济文化发展仍然落后,物质生活和精神生活都比较贫乏,儿童的生活范围狭窄、生活内容单调、信息闭塞,这限制了农村儿童的活动范围、生活内容,影响文化信息的输入,并且农村教育教学水平落后、硬件设备薄弱、家长素质较低。深入了解山区儿童的思维发展情况才能对症下药,但目前国内针对山区儿童思维发展进行的研究极少。根据经验,山区儿童长期受到地理环境和交通条件的影响,很少人有机会去大城市。教师教给学生的都是常规的思维方式,学生通常采用模仿的方式学习周围的人、事、物,因此思维方式单一。一项针对农村幼儿认知水平的调研值得引起深思。该研究历时两年(2013—2015年),是中国目前为止最大规模的贝利测试。测试对象是陕西省的1808名6~30个月大的儿童,涉及174个乡镇351个村庄。贝利测试是一种已被普遍接受的评估儿童早期发展的国际量表。根据此量表,贝利智力发育指数低于84分即被判定为认知发展滞后。按照国际标准智商分数分布图,认知滞后的正常比例大约为15.87%。该研究结果显示,陕西省18~24个月大的幼儿中,认知发展滞后的比

---

① 朱智贤.儿童心理学[M].北京:人民教育出版社,1979:323.

例高达41%。而在25～30个月大的孩子中,这一比例高达55%。随后的研究证实了测试结果的真实性。2015年,该调研机构在河北农村进行了第二次贝利测试。这个距离北京仅两个小时车程的农村,55%的孩子认知发展滞后。云南边远地区的测试结果更加令人惊讶,超过60%的孩子未通过贝利测试①。

近年来,科技发展日新月异,城镇化建设步伐加快,山区交通飞速发展,宽带网络普及,山区儿童接触的新生事物更多,思维领域扩宽,在思维发展水平上也有所提升。

第二节 山区儿童的社会性

社会化是个体成为社会人的过程,小学阶段也是学生开始掌握人类社会千百年来积累起来的文化知识,掌握社会规范,形成独立生存的能力和发展创造能力的关键时期。关注农村孩子社会性的发展,培养他们积极的社会性行为,有助于山区儿童积极地适应社会。通过对山区儿童进行社会性行为的教育,可以促进他们的社会化发展,这对他们一生的社会适应有着极其重要的作用。

一、亲子关系的发展

(一)亲子关系

亲子关系是人最早形成的人际关系,也是家庭中最基本、最重要的关系。心理学上一般是指父母与子女之间形成的人际间的相互关系,有学者对此给出了定义,亲子关系是指以血缘为基础的父母与子女之间相互影响、相互作用所构成的亲子双维行为体系的自然关系和社会关系的统一体(赵婷婷,2008)。

鲍姆林(1971,1978),从父母行为的控制和温情两个维度把父母的教养方式分为三种:权威型、专制型和放任型(赵婷婷,2008)。权威型父母对儿童有较多的温情、较明确的要求和较为一致的反应,能够在亲子间相互理解的基础上完成对儿童的约束。权威型父母的教养方式被认为是最费时费力的方式,但也是最有效的教养方式(王海梅,2008)。研究证实,在幼儿园时期,权威型的教养方式与儿童情感和社会技能的积极发展之间密切相关;专制型父母对儿童的成熟行为有较高的要求,但对儿童反应较少,对儿童缺乏热情,用较为绝对的标准来塑造、控制和评价儿童的行为,强调儿童要无条件顺从,崇尚权威和传统,不鼓励亲子间相互迁就,对儿童的奖励和表扬较少,对儿童的控制严厉、不妥协,且带有强制性,研究表明,专制型教养方式下的学龄前儿童存在焦虑、退缩和抑郁的特征;放任型父母既不期望儿童的成熟行为出现,也不提出要求,他们或者溺爱儿童或者忽视儿童,对儿童的纪律要求不一致,鼓励孩子自由表达自己的愿望,

---

① 学前微讯.超50%受调查农村幼儿认知滞后 令人震惊[EB/OL].(2017-06-22)[2018-12-12]. http://www.sohu.com/a/151043015_534853.

对儿童有中等程度的热情,不主动指导孩子的行为(赵婷婷,2008)。

(二)亲子沟通现状与改进

亲子沟通指父母与子女通过信息、观点、情感或态度的交流,达到增强情感联系或解决问题等目的的过程,也是建立亲子沟通状况的重要因素。

从调查结果来看,家长与孩子沟通的形式单一,谈话的内容大多关注的是学习问题,双方交流的时间也大都集中在餐桌上,专门的谈话及谈心的对话少之又少。家长在谈话中也会经常表现出批评、责备等语气。由此可见,父母在沟通时的情感表达力、策略性有所欠缺,倾听的开放性和敏感性有所不足。当孩子有心事的时候,除了父母之外,也可选择与亲近的伙伴或其他家庭成员倾诉。当父母对孩子的要求过于严格或严厉时,孩子也会产生畏缩心理,导致在与父母沟通的内容上有所保留。父亲、母亲、儿童三者任何一方沟通能力的不足都不能够建立良好的亲子沟通关系。针对这种状况,我们提出了以下几点建议:

1.推崇多方面发展的育儿观

在山区农村,由于经济文化落后,大部分家长的主要精力都用于获取经济来源,而且大多数的家长文化程度不高,初中学历的居多。沉重的经济压力与关心子女素质意识的薄弱,致使家长沟通的主动性不强。农村的家长对孩子的期望往往是通过读书改变命运,所以,在与孩子沟通的时候父母最关心学习问题。但是,要塑造一个拥有健全人格的孩子,仅仅关心智力发展是远远不够的。孩子的道德意识、情绪情感的表达、朋友交往、为人处世等方面同样需要父母的关注。为此,在与孩子沟通的过程中,父母要关心孩子多方面的情况,引导孩子建立积极的人生观、世界观和价值观。家长要重视亲子沟通,可以从与孩子共同参与的游戏或活动入手,在活动中促进父母与孩子之间的相互尊重、理解和信任,进而解决亲子沟通中的深层次问题。

2.采用正确的沟通态度

家长都望子成龙、望女成凤,但是由于没有恰当的教育理念,也就未能采用适合教育孩子的一套教育方式。目前,仍有不少农村家长抱持着"棍棒底下出孝子"的观念,这将会使亲子沟通处于一种畸形状态。因此,家长应该在与孩子沟通时,采用更加开放、包容、理解的方式。亲子沟通是一个双向的过程,孩子在与父母沟通时,也应报以尊重、感恩的态度。这样,双方采用互相尊重理解的态度才能更好地营造出良好的沟通氛围,提高亲子间沟通的效率。

3.采用正向积极的开放式沟通方式

有研究表明,采用正强化比惩罚更能塑造一个人的行为。因此,家长应该更多地采用鼓励式教育,在沟通时更多地采用积极性的词语进行交流,这样才能更好地帮助孩子们塑造良好的行为习惯,培养出"寒门贵子"。当孩子作某些尝试时,应适当地予以鼓励,即使是失败了,也应给予适当的支持,这不仅有助于培养孩子的自信心,还能通过给予孩子支持,让其体会到安全感,以利于更好地进行新的尝试。因此,家长在与孩子沟通时采用鼓励式的方式更有助于提高沟通效率,帮助孩子成才。

二、同伴关系的发展

(一)同伴关系

张文新(1999)认为同伴关系是指一群年龄相同或相近的儿童之间的一种共同活动并相互协作的关系,也可以指同龄人之间或心理发展水平相当的个体之间在交往过程中建立和发展起来的一种人际关系。邹泓、张晓峰认为同伴关系包括同伴群体关系和友谊关系。同伴群体关系反映的是在同伴群体中彼此喜欢或接纳的程度,即同伴在交往的过程中所获得的同伴社交地位。友谊关系是指儿童与朋友间的相互的、一对一的关系。所以,同伴关系可以定义为一群年龄、心理发展水平相同或相近的儿童在交往互动过程中所建立和发展起来的一种人际关系,它同时包括同伴群体关系和友谊关系两种表现形式,前者是指群体对个体的接纳程度,后者主要是个体与朋友间的情感联系。

儿童通过建立健康和谐的同伴关系,有利于加深他们的自我认同感,促进个体间的合作与竞争,强化社会规则和社会化角色的形成,促进儿童社会性的发展。良好的同伴关系有助于儿童形成正确的社会价值观和自我概念、促进社会技能和人格的正向发展,而不良的同伴关系很可能使学生难以适应学校生活,而且对于其成年后踏入社会也会有不利影响(张晓峰,2009)。儿童还通过与同伴之间的互动来获取友谊、支持与尊重,以此来满足自己在这一阶段特定的社会需要。

(二)同伴关系的干预

1.教育学及心理学的干预方式

有研究者从教育学的视角出发,通过对小学低年级学生同伴交往的现状进行调查,从家庭教育和学校教育两个方面提出了对策建议(刘金飞,2015)。还有研究者从心理学角度出发,运用心理学的具体治疗手段来改善儿童的同伴关系。比如运用移情训练对被拒绝儿童的同伴关系进行干预,通过六周的干预,发现移情训练在改善同伴关系方面具有显著效果(胡沁,2016),以及通过社会故事的训练方法来提高自闭症儿童的同伴交往能力(杨林,2016)。此外,有研究在所选幼儿园中选取出被拒绝、被忽视幼儿数名,随机均分为实验组和对照组,通过采用教导法、角色转换、创设情景和及时强化的方法,对实验组进行教育培养实验,研究发现经教育培养,被忽视及被拒绝幼儿的交往行为特征和社交地位都发生了显著的变化(庞丽娟,1991)。

2.社会工作的干预方式

在改善儿童同伴关系的实务研究中,研究群体多集中在流动儿童、亲子分离儿童以及贫困儿童,且在介入方法上大多研究者采取小组工作的方式来帮助服务对象建立积极正面的同伴关系。比如张娅运用成长小组模式对流动儿童同辈关系问题进行介入研究,通过开展7次小组活动来帮助组员改善同伴关系问题,使他们更好地融入新生活(张娅,2013)。还有研究者通过8次小组活动,从训练言语表达及非言语能力理解、扫清交往障碍、鼓励组员愿意主动与同伴交往、强化亲社会行为四个子维度来帮助服务对象提升同伴交往能力,改善同伴关系(郑金霄,2017)。除此之外,在解决儿童同伴关系问题上,个案工作的方法也具有相对显著的效果,如楚惠雯运用个案工作的方法,从认知、情感、行为三个层面对流动儿童同伴关系进行介入,以此来帮助他们改善同伴关系(楚惠雯,2016)。

三、性别角色发展的特点

(一)性别角色

性别角色是指由于人们的性别不同而产生的符合一定社会期望的品质特点,包括男女两性所持的不同态度、人格特征和社会行为模式。性别角色一直是心理学和社会学研究的重要领域。罗西(1964)提出了"双性化"的概念,即个体同时具有传统的男性和女性应该有的人格特质,并认为双性化是最适合的性别角色模式。性别角色起源于生物因素,也源于社会分工。生物学因素与社会影响的交互作用促成了性别角色的发展。吉尔伯特(1985)则认为:"性别角色是指存在于特定历史或文化情境中的对两性分工的规范性期望和社会互动中与性别相关的规则。"周宗奎(2004)指出"性别角色是指在特定社会对男性和女性社会成员所期待的适当行为的总和"。

性别角色类型的研究起源于心理学对性度的研究,性度指的是个体具有的男性化和女性化特质的程度。性度心理学把男性身上表现出来的典型特征称为男性性度,女性身上表现出来的典型特征称为女性性度。一个人具有的男性气质越多,其性度就偏向于男性,具有的女性特质越多,其性度就偏向于女性。出于对性度的理解,国内外的心理学家把个体的性别角色分为四个类型,分别是:典型的男性化者(男性化),即一个有着较多典型男性特征、较少女性特征的男性或女性;典型的女性化者(女性化),即一个有着较多典型女性特征、较少男性特征的人;双性化者,即一个人同时具有男性化和女性化的典型特征,即双性化的个体兼有强悍和温柔,果断和细致等性格;未分化者,即个体的典型的男性化和女性化的特征都比较缺乏。

性别角色是个体一生所扮演的最基本也是最重要的角色,作为个体社会化的重要方面一直是社会各界关注的焦点,它的发展不仅显示着社会的变化,更是个体成长的重要环节,性别角色类型的形成将对个体各个方面的发展产生重要影响。

(二)性别角色的特点

初中是青少年性的成熟期,了解初中生性别角色的发展现状不仅有助于性别教育,更有利于促进学生的个性发展。促进儿童性别角色的发展,使其既符合性别本身的生物特性,又能满足社会对性别角色发展的期望与需求,将有助于儿童的身心健康。

1.性别未分化占优势

初中生中,未分化个体所占比例最大,由高到低依次为未分化、双性化、男性化和女性化三种类型。传统占优势的单性化(男性化和女性化类型)已让位于非单性化(双性化和未分化),双性化与未分化同步增长,双性化是性别角色发展的趋势,但未分化现象也较普遍。

2.性别角色类型会因性别不同而产生差异

男生中的女性化程度显著低于另外三种类型,双性化和未分化基本持平;女生中的男性化程度显著低于另外三种类型,女生的女性化与双性化和未分化也有显著差异。

3.不同年级和性别的学生中,性别角色类型分布是不一致的

预备、初一和初二年级中,男生的双性化角色类型所占百分比均高于未分化类型;初三年级男生的未分化个体多于双性化个体。在女性化和男性化方面,学生随着年级的增长显示出增长的趋势;预备、初一年级的女生中双性化的比例高于未分化,初二、初三年级学生未分化的比例却高于双性化。但四个年级的男生或女生在性别角色类型方面并无显著差异。

4.性别角色类型影响学生的社会行为

不同性别角色类型与学生的社会退缩、受欺负、身体攻击及社会能力均存在显著关系。双性化类型的学生社会退缩行为少,不容易受欺负,社会能力较强。未分化类型的学生社会退缩行为多,容易受欺负,社会能力较差。

5.母亲的教养方式对学生的社会行为和同伴交往有密切影响

在不同的性别角色类型的学生中,母亲的不同的教养方式对社会行为的预测是不同的。母亲的接纳温暖可以减少女性化学生受到的身体攻击,增强双性化类型的学生的社会能力。母亲的鼓励独立和鼓励社交能加强未分化类型的学生的社会能力。

四、亲社会行为的发展

(一)亲社会行为

亲社会行为是指任何自发性地帮助他人或者有意图地帮助他人的行为。它是指对他人有益或对社会有积极影响的行为,包括分享、合作、助人、安慰、捐赠等,它是一种个体帮助或打算帮助其他个体或群体的行为趋向,它既是个体行为化的重要指标,又是社会化的结果。为什么会有亲社会行为?不同的理论有不同的看法。社会生物学观点认为,亲社会是人的先天特性,它来自我们的基因,可以遗传。社会交换论认为,人与人之间的相互作用,本质上是个人试图尽可能多地获得利益,同时又尽可能少地付出代价的社会交换过程。社会规范论认为人类道德准则中最普遍的成分是交互性规范。交互性规范是支配社会交换、保持社会关系中得失平衡的一个基本原则;社会责任规范是社会期待人们去帮助需要帮助的人。

亲社会行为具有高社会称许性,表现为亲社会行为会被特定社会或群体所认同并获得高评价,又具有社会互动性,是社会互动过程中的交往行为。同时,人们作出亲社会行为的本意不是要伤害自己,而是要获得自我或他人的肯定,具有一定的自利性。亲社会行为对他人有好处,常常也对行动者有好处。

从行为主义的观点来看,亲社会行为不仅使我们能够获得来自社会的、他人的和自我的奖励,而且能够避免来自社会的、他人的和自我的惩罚。这会促使我们形成积极的

社会价值观,有利于身心健康,还能获得或巩固友谊。此外,帮助别人还有提升心境的作用,当受助者的痛苦消除并开始快乐起来的时候,助人者同样会受到这种情绪的感染,使自己变得更加愉快。

现在的学生多数是独生子女,在家庭中缺少同伴,又受到父母、长辈的过分呵护。家长总是以是否听话乖巧、学习是否优秀来衡量孩子的成功,所以对他们的社会性教育极度匮乏。中国社会很多父母的这种不正确的教养方式和教养态度,将导致青少年社会化的缺陷,缺少走向社会所应具备的、符合社会道德规范的品德。因此,培养学生的亲社会行为,使他们能有效地参与竞争与合作、善于与人交往、具有较高的耐挫力和心理承受力、自觉遵守社会规范、具有利他主义精神和助人行为等关系到孩子自身的发展与前程,也关系着中华民族的命运。

(二)儿童亲社会行为训练

1.角色扮演与心理位置互换

角色扮演是儿童以模仿和想象,通过扮演角色创造性地反映现实生活,培养自己承担社会角色和遵守社会规范的一种自我教育活动,这种教育恰恰是其进行人际交往、认识社会生活事件等活动的过程。在角色活动中,儿童通过扮演各种角色,可以体验不同的角色的情感,感受处在不同情境中的人的不同心理状态,学会对他人"感同身受",更好地理解他人的处境,提高设身处地为他人着想的能力。比如,在"家"里面,儿童扮演家长,采用不同的沟通方式,感受尊重与平等,学会互换心理位置、化解误解等。在角色扮演中进行移情能力的训练,能有效地促进儿童亲社会行为的发展。有时角色扮演往往是由多个儿童同时参与的集体游戏活动,尤其进行角色的分配和商量,通常就需要儿童遵守一定的规则,这样能促使儿童学会跟同伴进行合作、商议,有助于儿童获得提高社会交往能力的机会,培养协作的社会意识,养成一定的规则意识。这些不仅在角色扮演中能够得到训练,而且也会不自觉地迁移到现实的生活中,促进儿童亲社会行为的发展。

2.设计情感教育活动,进行情感体验

帮助儿童理解情感互动的复杂性,通过移情训练,提高儿童的亲社会行为。例如,可以设计"你高兴,我也高兴""大家一起真快乐"等情感教育活动,引导儿童观察,帮助学生知道情感是会产生互动的,是会相互影响的,理解情感产生变化的原因,初步认识到自己的行为会影响到他人的情感变化,别人的情感变化也会影响到自己的情感。在教育活动中利用"移情训练"来引导儿童关注当自己作出友好或者不友好的行为时,他人的情绪、情感变化以及此时自己的情感体验。比如,当自己把心爱的学习用具跟同伴分享时,同伴的表情是开心还是不开心的?自己看到同伴的表情又是开心还是不开心的?在引导学生体验和反思自己的情绪中,提高其移情能力。通过这样的情感教育和适当的移情训练,帮助儿童站在他人的角度体验他人的感受,设身处地地为他人着想,达到体验别人的情绪的目的;学会站在他人的角度思考问题,为同伴的快乐而快乐,为同伴的烦恼而烦恼,久而久之,儿童在观察、体验别人情感变化的过程中,就会增近与他人的心理距离,达到彼此心理上的某种亲密关系,这样可以促进儿童亲社会行为的产生,帮助儿童亲社会行为得到发展。

3.在故事中引导学生进行移情训练

儿童故事符合儿童的年龄特征和认识特点,故事中的人物、事件是儿童所认同和常见的,因此,更能引起儿童的兴趣,激发儿童的内部情感,是培养儿童移情能力的最好手段。当然,这里所说的"故事法"并不是只让儿童被动地听故事,而是一种让儿童主动将"听""说""做"三者结合的方法。听,是听故事以引导儿童认识情感;说,是续编故事让其感受情感;做,则是通过情境表演使他们进一步体验情感,产生情感共鸣。在学校,尤其小学的集中教学活动中,通过讲故事,让儿童在听、说的过程中感受故事中人物情感的变化和人物的互动,并引导他们通过模仿故事中的人物行为,在模仿的过程中代入真实的情境,进行移情训练,从而提高他们的亲社会行为。

不管是家长还是教育工作者,在培养儿童亲社会行为的过程中,都应该注重移情训练对于儿童亲社会行为的培养作用,在具体的生活中和教学活动中加以应用,还可以根据每个儿童的个性特点、认知能力发展水平等情况做好相应的引导工作,使儿童在个体社会化发展的关键时期能够养成良好的亲社会行为。

五、攻击性行为的特点

(一)攻击行为

攻击性行为是小学生身上经常发生的一种不良行为,对农村小学生攻击性行为问题的探讨,不仅有助于我们更全面地认识个体社会行为的发展规律,获得农村文化背景下小学生社会行为发展特点的资料,而且对于培养农村小学生良好的社会技能和行为方式乃至健康的人格具有重要的实践意义。

随着年龄的增长,小学生的敌意性攻击比例也迅速增长。高年段的学生为了获得某些东西,更多采取的是和同学商量,有礼貌地解决问题的方式,所以发生的攻击性行为大都是敌意性攻击。而低年段的学生因为还没有学会一些交流方式,对别人的东西有更多的占有欲,所以工具性攻击所占的比例多一些。

农村小学生的攻击性行为大多是由打击报复、争夺物品和空间所引起的,而由其他原因引起的攻击性行为相对较少。特别是年龄较小的学生,还没有形成固定的朋友圈子,很少有小学生因为朋友出头而发生攻击性行为。

农村小学生虽然随着年龄的增长,身体攻击的行为有所减少,但是仍占很大比重,这说明农村小学的小学生更倾向于用身体攻击解决问题,缺乏用适合的方式解决问题的技能。低年段的学生由于言语和表达方式的发展还有所欠缺,所以他们遇到问题的第一反应就是用身体攻击。

农村小学生的攻击性行为大多是因教师制止和同伴反抗而停止的,自动终止和同伴制止的比例很少。而且在观察的过程中,我们发现当有同学发生攻击性行为时,低年段的学生倾向于找老师告状,而高年段的学生往往无动于衷,甚至存在看戏的心态。

(二)农村小学生攻击性行为的对策

1.家长应提高教育子女的技巧

家长要正确认识小学生的攻击性行为,在他们发生攻击性行为的时候不可以一味地压制、漠视,甚至是支持而应该在表示理解的同时加以适当的引导。家长要正确教育孩子,在满足孩子物质需要的同时要关爱有度。这就需要我们充分引导小学生参加体育竞赛、兴趣活动,并加以积极地指导和帮助,使其多余的能量得到合理的宣泄。

家长还要注重对小学生交往技能的训练,教会小学生依据具体情况采用恰当的方式来解决在交往中遇到的问题以及常用到的社交策略。重要的是要告知小学生交流沟通的重要性,使他们明白武力并非解决冲突的唯一方法。农村小学生的家长应该加强学习,以免不正确的认识给小学生带来误导而影响小学生的健康成长。

2.教师和学校应加强对小学生攻击性行为的引导

教师要规范自身的言行,为小学生树立良好的榜样。教师还可以为小学生树立身边的榜样,把班级和学校优秀的学生作为学生学习的榜样,这样有利于小学生的健康发展。教师要建立充满爱心的班集体,当学生感觉到被集体所认可和接受时,会自觉地接受集体的价值观和行为规范。通过民主的方式,师生共同制定班级的行为规范并由集体监督执行,营造健康正确的舆论和积极向上的班风,从而影响学生品格的发展。因此,学校和教师要关心孩子,并教孩子学会关心他人。

一个人的道德水平越高,就越容易站在别人的利益立场上思考问题,从而理解他人,减少攻击性行为发生的可能性。虽然这样的要求对小学生来说有点高,但我们要从小培养他们这种思维的方式。因此,学校要重视校园文化对小学生身心发展潜移默化的作用,加强校园文化的建设。农村小学更不能只注重应试教育而忽视道德教育。

3.社会应净化小学生的生活环境

大众媒体是现今影响小学生攻击性行为的一个重要因素,相关部门应该关注这一问题,并对电视上插放的节目进行严格的审查,特别是小学生经常看的动画片等。当然这需要各个方面的共同努力,另外家长也应该帮助孩子有选择地看节目。

在农村,人们言行举止往往不拘小节,小学生在这种环境的潜移默化下也受到了影响。为此,应在农村加大宣传的力度,做好社会主义新农村的文化建设工作,这不仅有利于孩子的发展,也有利于村民素质的提高。

4.小学生自己应学会合理宣泄不良情绪

外因是通过内因起作用的,小学生在家长和教师的努力和帮助下应当积极发展各种兴趣爱好,学会合理宣泄自己的不良情绪,从各方面用不同的方式学习不同的科学文化知识,提高自己的认识水平,学会关心他人、帮助他人。

在大力推行素质教育,要求学生身心健康发展,能够同别人交流与合作共同完成工作的社会背景下,农村小学生的攻击性行为应当引起社会各界的重视。家庭、学校、社会等各个方面都应携起手来,努力为小学生创设一个良好的社会环境,用我们的爱心和耐心帮助小学生塑造健康的人格。

媒体库

一、资源拓展

1.视频赏析

《亲子关系　蓝迪智慧乐园》

http://www.iqiyi.com/lib/m_214714614.html? src=search

2.体验与感悟

(1)和一位山区学校学生交朋友,了解他的喜怒哀乐。

(2)做一次山区儿童的家访。

3.讨论

山区农村学生的心理特点。

二、阅读

农村孩子的心理问题

虽然同是小学生,农村的小学生和城市的小学生差别很大。两者的主要差别,是心理方面。

以前的农村由于比较穷,穷人的孩子早当家的情况较普遍。现在农村生活水平提高了,有的农村也出现了和城市一样的情况,那就是过分溺爱,这导致小学生自理能力较弱。其实,农村小学生的一个最大的问题就是亲子分离儿童越来越多。由于小学生正处于成长的阶段,他们的身心不太成熟,所以迫切需要老师的爱护、关心以及父母的爱护、照料、教育；但现如今农村，父母打工长期在外，亲子分离儿童增多，他们缺少爱的滋润，从小缺少父母的关心、爱护，长此以往，导致他们的心理畸形发展。

通过问卷调查，农村学校有90.3%的小学生存在以下情况：

①易怒。遇事急躁，稍不如意就作出过激行为，这种情况越来越普遍。

②任性。过分关心自己的需要，达不到目的就大发脾气，纠缠不休，特别是以自我为中心，主要原因就是从小父母溺爱。

③自卑。无力克服学习中遇到的困难和生活中遇到的挫折，久而久之形成自卑心理。

④嫉妒。看到自己的条件、才能不如别人而心怀怨恨，在嫉妒心理的驱使下，不但不学习他人长处，反而对他人挖苦、讽刺、破坏等。

⑤厌学。由于客观原因，对学习失去信心，认为学习是一件苦事，甚至把学校看成地狱，希望早点离开学校。

⑥抑郁。遇到挫折会过度悲伤而长期不能恢复，多愁善感，对周围的人或事缺乏兴趣，情绪悲观、失望等。另外还有一些学生表现出焦虑、多动等情况。

上面就是小学生最容易出现的心理问题，对小学生进行心理健康教育已成为当务之急。

对于小学生的健康成长，我们不能仅关注他们是不是吃得饱、穿得暖，身体有没有不舒服，还要关注他们的心理健康。

参考文献

[1]李雪莲.广西城乡儿童亲子阅读的对比研究[J].柳州职业技术学院学报,2016(2):112-117.

[2]李慧勤,等.城乡学生认知能力差异的实证研究[J].教育研究,2017(7):115-121.

[3]张铁,王长勇.辽宁部分城乡儿童智力筛查结果分析[J].中国民康医学,2012,24(11):64-66.

[4]李百珍.感情移入培养与幼儿亲社会行为关系的实验研究[J].学前教育研究,1995(1).32-33.

[5]陈贵娥.幼儿"亲社会行为"教育方法初探[J].安阳师范学院学报,2004:71-73.

[6]张雪梅.关于角色游戏在培养幼儿亲社会行为中的价值思考[J].佳木斯教育学院学报,2001(3):67-68.

[7]周清华,张玉.通过移情训练培养幼儿的亲社会行为[J].科技信息(学术研究),2007(30):260.

[8]张晓峰.儿童同伴关系的研究综述[J].辽宁教育行政学院学报,2009,26(11):143-144.

[9]王中会,罗慧兰,张建新.父母教养方式与青少年人格特点的关系[J].中国临床心理学杂志,2006(3):315-317.

[10]李利,莫雷,王瑞明.探析儿童的同伴交往[J].当代教育论坛,2005(16):28-30.

[11]李波.小学生同伴关系现状与对策研究——以大同市城区小学为例[J].教育导刊,2014(12):32-35.

[12]程利国,高翔.影响小学生同伴接纳因素的研究[J].心理发展与教育,2003(2):35-42.

[13]宋雪苗.农村小学寄宿生同伴关系改善的社会工作介入研究[D].兰州:兰州大学,2018.

[14]庞诗萍,林媚,莫丽婷,等.农村小学生亲子沟通现状研究——以德庆县悦城镇里村小学为例[J].珠江教育论坛,2017(4):89.

[15]徐杰,张越,詹文琦,等.亲子沟通对青少年社会适应的影响:社会支持的中介作用[J].中国健康心理学杂志,2016,24(1):65-68.

[16]李翠英.亲子沟通对农村留守儿童安全感的影响研究[J].中国集体经济,2011(9):234-235.

[17]郁丹蓉.母亲教养方式的关系[D].上海:上海师范大学,2015.

[18]李扬.家长对欺负行为的态度及干预方式与儿童欺负行为的相关研究[D].重庆:重庆西南大学,2009.

[19]李阿盈.家庭教育对青少年成长的影响[D].无锡:江南大学,2008.

[20]吕妮娜,刘海梅.幼儿攻击性行为产生的家庭因素及矫正策略[J].西安社会科学,2010(2):152-153.

[21]陈玉焕.青少年攻击性行为研究现状及思考[J].洛阳师范学院学报,2007(5):165-167.

[22]王静.浅淡小学校园环境对学生成长的影响[J].神州(中旬刊),2013(11):283.

[23]董奇,林崇德.当代中国儿童青少年心理发育特征——中国儿童青少年心理发育特征调查项目总报告[M].北京:科学出版社,2011.

[24]董研,等.小学生心理学[M].杭州:浙江教育出版社,2015:14-15.

[25]林崇德.发展心理学[M].北京:人民教育出版社,2006:46-50.

[26]彭聃龄.普通心理学[M].北京:北京师范大学出版社,2006.

[27]林崇德.发展心理学[M].北京:人民教育出版社,2002:321-323.

[28]林崇德.发展心理学[M].杭州:浙江教育出版社,2002:327-330.

[29]张文新.儿童社会性发展[M].北京:北京师范大学出版社,1999:132.

[30]360百科.亲社会行为[EB/OL].[2018-10-12].https://baike.so.com/doc/6421940-6635612.html.

[31]正确认识智力因素和非智力因素之间的关系[EB/OL].(2010-10-19)[2018-10-23].http://home.51.com/banshengyuan1314/diary/item/10050419.html.

[32]农村小学生的心理特点[EB/OL].(2014-09-14)[2018-10-13].http://www.51xue8.com/jiaochengziyuan/xiaoxueleijiaocheng/2014-09-14/632.html.

第三章　山区儿童的自我概念

马克思说:"历史的结果就是:最复杂的真理,一切真理的精华在于(人类)最终会自己了解自己。"苏霍姆林斯基认为:"最大的胜利就是自己征服自己的胜利。"这些都是心理学涉及的自我问题,也就是自我概念。

第一节　自我概念

自我概念,是一个人对自身存在的认识和体验。它包括一个人通过经验、反省和他人的反馈,逐步加深对自身的认识。自我概念是一个涉及自我的有机的认知机构,由"我是谁?""我怎么样?""我应该怎么样?"等组成,对这些问题的回答涉及自我的态度、情感、信仰和价值观,它使自我凸显出来,表现出各种特定的习惯、能力、思想和观点,贯穿于人生的整个经验和行动之中。

一、自我概念的界定

认识活动是人类的重要活动,包括认识客观世界和认识主观世界。对人类意识的研究是哲学、心理学、神经科学等学科的主要任务。对个体而言,自我意识就是对自己的认识。心理学认为,对自己存在的认识,以及对自己身体、能力、性格、态度、思想等方面的认识,在个人心目中形成对自己的印象。这种个人关于自己的印象就是自我概念,它是自我意识的重要组成部分。

詹姆斯(1890)最早对自我概念进行研究,其后的许多心理学家都曾关注这一领域的研究。不同学派的心理学家依据各自的理论观点、研究取向,对自我概念进行诠释与描述,对自我概念的界定提出了不同的观点。

詹姆斯(1890)在《心理学原理》中首次提出自我概念(self-concept)一词,最早提出自我概念的二元性,即主我和客我。主我是指自我中积极的知觉、思考的部分,客我指自我中被注意、思考或知觉的客体。他将客我又细分为四个部分,即身体自我、物质自我、社会自我和精神自我。随后的心理学家对自我概念的理解和詹姆斯提出的具体含义不尽相同,但大体是一致的。20世纪上半叶,美国心理学家库利提出"镜像我"的概念,认为自我概念是别人意见的映象。

罗杰斯认为:"自我概念是一个人对自己多方面的综合看法,包括个人对自己的能力、性格以及与人、与事、与物的关系等多方面的集合。"他把自我概念分为现实的自我与理想的自我,以回答相应的问题"我认为我是什么样的人""我希望成为什么样的人"。罗杰斯的自我概念理论非常强调现象场,他认为自我概念就是现象场中与个人自身相联系的那部分知觉及其附着的意义。

图 3.1　自我概念就是对自己的认识,仿佛镜中的我

人格心理学的先驱奥尔波特(1995)提出了"统我",即"自我统一体"的概念用来代替自我概念,将自我的各个方面,包括自我感觉、自我统一、自我扩展、自尊等理性自我意识都归到了统我概念中。随着相关研究的推进,人们对自我概念的认识逐渐从笼统的、描述性的向多层次的、多维度的、多结构的方向发展。莎沃森(1976)认为自我概念是一个人在经验和环境中形成的自我觉知,这种自我觉知深受重要人物的评价、强化和自己行为的影响。莎沃森关于自我概念的内涵既包括描述又有评价,是一个多侧面、多等级的结构。

车文博(2001)认为自我概念是个人心目中对自己的印象,包括对自己存在的认识,以及对个人身体能力、性格、态度、思想等方面的认识,是由一系列态度、信念和价值标准所组成的有组织的认识结构。自我概念是心理学关注的问题之一,许多心理学家设法从不同角度揭示自我的本质。詹姆斯从自我概念的内容出发,采用元素分析的方法,根据自我概念的不同来源划分自我。库利则从自我概念的形成方式,用镜像我来代替自我。罗杰斯受现象学的影响,把自我概念和现象场联系起来。这些概念界定的提法不同,侧重不同,但都有其共通性,其实质都强调通过个体对自我信息在大脑中的加工,形成对自我的整体印象。自我概念是一种多层次、多维度、力求全面认识自我的活动的结果。因此,自我概念就是个体对其自身的认识,包括生理和心理的我,过去、现在和将来的我,现实和理想的我,自己理解的和通过他人理解的我,表层的和深层的我,隐性的和显性的我。

二、自我概念的结构

詹姆斯(1890)最早提出自我概念,认为自我概念是自己对自己的存在及状态、特点等的观察和认识,是一种意识和心理过程。自我概念可以分为三部分:物质我、社会我和精神我。物质我是对自己身体的认识;社会我是对他人心目中的自己的认识;精神我则是对自己的意识状态、心理倾向和能力的认识。物质我、社会我、精神我和纯粹自我以某种方式整合在一起,形成较统一的自我感,使自我具有层次结构性。其中物质我是基础,社会我高于物质我,精神我则在最高层。

罗杰斯根据临床实践,提出了与现实自我(real self)相对应的理想自我(ideal self)。理想自我代表个体最希望拥有的自我概念、理想概念,即他人为我们设定的或我们为自己设定的特征。它包括潜在的与自我有关的,且被个人高度评价的感知和意义。现实自我包括对已存在的感知、对自己意识流的意识,通过对自己体验的无偏见的反映及对自我的客观观察和评价,个人可以认识现实自我。罗杰斯认为,对于一个人的个性和行为具有重要意义的是他的自我概念,而不是现实自我。罗杰斯早期强调自我一致性(self-consistency)或称为自我验证(self-verification),即个体试图在自我知觉之间以及自我知觉与即将获得的信息之间寻求一致性。他在临床实践中发现,现实自我和理想自我之间的不一致是导致神经症的原因之一。后来他认为人们对自我增强(self-enhancement)的需要比维持自我一致性的需要更强。自我增强(即"正面关注自我")指试图寻找维持或提高自尊的信息。

到了20世纪80年代,许多自我概念的研究者转向阶层模型。人们发现阶层模型能全面地解释个体对自己的不同评价,单维模型对自我的评价过于简单,往往掩盖了这样的事实:个人往往对他们生活的不同领域作出截然不同的评价。单维模型的不足,促使人们对自我概念进行多层次性的探究。

莎沃森等人提出的自我概念的阶层模型是自我概念当代模型的里程碑。他们给出了自我概念简明而清晰的定义,认为自我概念是"个人对他自己的知觉,这些知觉是通过他与环境互动的经验形成的""受到环境强化与重要他人的影响"。莎沃森对自我概念研究最实质的贡献是描述了自我概念的七个定义特征:组织性、多面性、阶层性、稳定性、发展性、评价性与差异性。正是基于自我概念特征的描述,学界在自我概念研究上逐渐达成共识。根据莎沃森等人的描述,自我概念的结构如图3.2所示,这一结构为后继的研究奠定了基础。

三、自我概念的功能

(一)引导自己的行为,保持自我看法的一致性

个人需要按照与自我看法一致的方式行动,自我概念在引导一致行为方面发挥着重要的作用,有利于个体调节和维持有意义的行为。

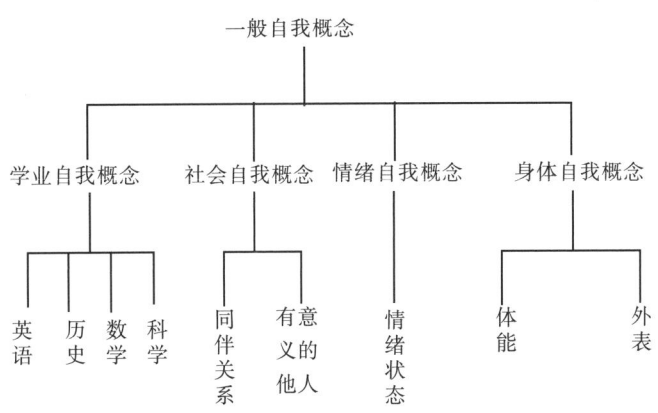

图 3.2 莎沃森等人(1976)的自我概念多维度层次模型

社会心理学大量有关态度一致性的研究都证明个人需要保持自我的一致性。如,有关依从问题的研究中也有大量资料说明人们寻求一致的心理倾向(金盛华等,1995)。国内新近的大量研究也确认了自我概念在引导一致行为方面的作用(金盛华,1993)。自我胜任(self-competence)概念积极的学生,成就动机与学习投入及成绩也明显优于自我胜任概念消极的学生(金盛华,1988)。对有关品德不良学生的研究指出,学生有关自己声名与品德状况的自我概念直接与其行为的自律特征有关。当学生认为自己声名不佳,被别人认为品德不良时,他们也就放松对行为的自我约束。很显然,通过维持内在一致性的机制,自我概念实际上起着引导个人行为的作用。在这个意义上,在儿童与青少年的发展过程中,引导他们形成积极的自我概念有着非常重要的意义。

(二)具有经验解释系统作用

自我概念不仅能为个体提供一种自我认同感和连续感,还能为个体找到自己存在和发展的价值和意义。

一定的经验对个人具有怎样的意义,是由个人的自我概念决定的。每一种经验对特定个人的意义也是特定的。人们可能会获得完全相同的经验,但他们对于这种经验的解释可能是不同的。解释经验的角度取决于一个人的自我概念。一个自认为能力一般、只该获得平均成绩的学生,在取得比较好的成绩时会产生极大的成功感,其心理是欣喜与满足的。对同样的成绩,一个具有能力优秀、应当获得出众成绩自我概念的学生,却认为遭到了很大失败,体会到极大挫折感。詹姆斯(1890)在他有关自我的论述中曾经提出过一个自尊的经典公式:自尊＝成功/抱负。这一公式说明自尊受个体的抱负水平的影响,也就是个人的自我满足水平并不简单地取决于获得多大成功,还取决于个人怎样解释所获得的成功对于个人的意义。

(三)决定着人们的期望

人们对于一定情境下事情发展的预期,对当事人行为的解释以及自己如何行为,很大程度上取决于自己的自我概念。伯恩斯指出,儿童对自己的期望是在自我概念的基础上发展起来,并与自我概念相一致的,其后继的行为也取决于自我概念的性质。后进生的成绩落后并不是独立存在的,而是整个行为动力系统出现角色偏差(role deviance)所致。他们已接受自己学习成绩不好的结果,所以在差生消极自我概念的基础上,他们的自我期望、学习动机、外部评价与对待都偏离了一般学生的角色。落后的成绩正是差生自己期待得到的结果;教师、家长与同学也认为成绩差是他们应该得到的结果。消极的自我概念不仅引发自我期望的消极,而且认同外部社会的消极评价与对待决定了他们对消极的行为后果做好了接受的准备,不再愿意更努力地学习,学习对于他们不再有应有的吸引力。

自我概念引发与其性质相一致或自我支持性(self-serving)的期望,并使人们倾向于运用可以导致这种期望得以实现的方式行为,因而自我概念具有预言自我实现的作用。

(四)引导成败归因的作用

社会心理学家海德(Fritz Heider,1958)和韦纳(Bernard Weiner,1972)提出并建立了一套从个体自身的立场解释自己行为的归因理论。韦纳的自我归因论认为动机并非个人性格,动机只是介于刺激事件与个人处理该事件所表现行为之间的中介而已。每当个人处理过一桩刺激事件之后,个人将根据自己所体会到的成败经验,参照自己所了解的一切,对自己的行为后果提出六方面的归因解释,这就是:能力、努力、工作难度、运气、身心状况以及别人的反应。

这六项因素中,能力、努力、身心状况三项属于内在因素,工作难度、运气、别人的反应三项属于外在因素。对工作成败的归因取向,将影响个人以后再从事类似工作时动机的高低。一个人具有积极的自我概念,相信自己的努力,将成败归因于自己的努力程度,归因于自己的细心或疏忽,自觉承担责任,从主观上找原因,认为凡事取决于自己的主观努力,命运掌握在自己手里,形成积极的自控信念,可以提高自我实现的能力。具有消极自我概念的人,把失败归结于自己能力差,从而阻止以后在这类活动上的精力与投入。

自我概念在多方面的重要作用,客观地决定了积极自我概念的养成在儿童教育目标中具有特殊地位。近年来,这一方面的研究正日益受到我国心理学家的重视。

四、自我概念的影响因素

(一)生物因素

子宫为胚胎和胎儿提供了最早的发展环境,如果孕期的母亲处于忧郁和压抑等应激状态,将导致内分泌系统的相应变化,由此向血液中释放某种化学物质,从而对宫内胎儿产生影响。泰提和加尔福德研究发现母亲在怀孕期间的过度苦恼和忧伤会造就烦躁不安的婴儿。

自我概念随着认知经验的发展不断完善,认知水平使儿童具备了发展成熟自我概念的可能性。自我识别能力为自我概念的形成奠定了基础;语言能力帮助幼儿建构牢固的"自我"和"他人"的概念,逐渐理解行为模式的特点以及倾向性,形成具体的自我描述;抽象思维能力为探究、描述社会自我、精神自我提供了前提。希尔等的研究表明,精神发育迟缓的儿童只有心理年龄达到18~20个月时,才能发展出自我识别能力。

(二)重要他人的作用

家庭是儿童心理发展的主要环境,父母作为儿童早期的重要他人发挥了关键性作用。鲁萨等发现,父母对婴儿的行为信号作出持续、敏感的反应,可以帮助婴儿发展出安全的依恋关系,更好地理解自我和社会环境之间的关系,特征识别能力也较高。海曼的研究显示,温暖、积极的教养方式让儿童感到自己值得被爱,合理期望帮助儿童明确行为准则,根据理性标准评价行为,形成主体的责任意识,促成较高的自我概念的形成;粗暴惩罚具有消极作用,低自尊儿童在生活中常被拒绝,有不确定和无助感。与父母发生冲突,交流少的儿童自尊感低,易出现各种行为问题,得到父母关注和照料的儿童即使生活在单亲家庭仍有较高的自我概念。青春期自我概念的发展中,既依恋又能自由发表观念的青少年常达到同一性的实现。

儿童进入小学阶段后,认知能力、心理的随意性和目的性不断提高,进入自我概念发展的重要时期。此时,教师作为儿童生活中的重要他人,发挥核心作用。6~8岁儿童的道德认知发展处于权威阶段,教师具有很高的权威性,同时,儿童个性的可塑性和模仿性很强,师生交往中教师对学生行为的评价、情绪反应和行为表现直接影响学生自我概念的形成。

随着年龄增长,儿童归属感的需要,以及同伴活动参与的增多促使他们更多寻求同辈对自己的看法。来自外界的评价与自身体验相结合,形成儿童不同水平、不同内容的自我概念。对于学龄儿童,同伴的看法发挥了比父母更重要的作用。哈塔普强调同伴交往经验对自我概念和人格发展的重要性,认为人有被同类赞赏的本能倾向,如果没有得到足够的关注,就可能对自我价值产生疑问。研究表明,学校中遭受同伴欺负的次数和儿童自我概念水平呈显著负相关,而被欺负儿童的低自尊无形中加固了这种恶性循环。

此外,不同的社会文化环境和经济地位也决定了儿童自我概念的形成。农耕文化、游牧文化和工业文明所代表的自然观和人性观不同,不仅影响了儿童对人与自然关系的看法,还间接影响了他们的自我认识。不同阶层和家庭的经济收入不仅影响了儿童的社会声望,也影响了他们的自我认识。经济地位对自我概念形成也起作用,除了父母直接传递给儿童自卑或优越的信息外,社会对经济低层次群体的歧视也对成长于这种环境中的儿童产生重要影响。

五、儿童自我概念的特点

(一)小学儿童自我概念发展的特点

1.小学低年级儿童自我描述由外部特征逐步内化

小学低年级儿童的自我描述是从比较具体的外部特征的描述向比较抽象的心理属性的描述发展。在回答"我是谁?"这一个问题时,小学低年级儿童往往提到姓名、年龄、性别、家庭住址、身体特征、活动特征等方面。小学高年级儿童则开始试图根据品质、人际关系以及动机等特点来描述自己。但即使到小学高年级,儿童对自己的认识仍带有很大的具体性和绝对性。

2.小学中年级儿童具有明显的情感倾向性、情景性和客观性

小学三年级儿童已能在喜欢或不喜欢的项目上认识自己,这表明儿童的自我情感在小学时期已能很好地建立起来了;儿童对其不同领域的能力作出重要区别,因此其自我评价依赖于情景。例如,一个儿童可能认为自己的运动能力较差,但学习能力较强;儿童对自我的评价与教师的评价、同伴的评价相一致。这表明,随着年龄的增长,儿童逐渐能较客观地评价自己了。

3.小学高年级儿童自我概念的发展性别趋向分化

对小学高年级儿童的自我概念发展在量和质两方面的研究结果认为,小学高年级儿童自我概念的发展趋势视性别而定。男生的自我接受程度与自我谐和程度并不随年龄变化而变化,而女生的自我接受程度与自我谐和程度表现出随年龄的增大而渐减的趋势:年龄愈大,自我接受度愈弱,且真实自我符合理想自我的程度也愈小,也就是说,年龄愈大,对自己的印象愈差。研究者认为这种性别差异的产生主要是由于社会对男女性有不同的评价和待遇。

(二)中学生自我概念的特点

1.初中生的自我概念存在性别差异

一般认为男生在一般自我概念、自我价值感、身体自我概念方面高于女生,即男生在一般自我、自我价值、身体自我认定方面比女生积极一些,相反女生在这些方面相对消极一些。马什等的研究也表明,男生在一般自我概念、身体自我概念方面高于女生。男生在男子气概、成就、领导者等方面有较高水平的自我概念,而在社会性等方面的水平较低,学业自我概念的性别差异主要表现在女生的语文自我概念高于男生,而男生的数学自我概念高于女生。

2.学业自我概念方面存在着年级差异

在一般自我概念、学业自我概念方面存在着年级差异,尤其是学业自我概念,初一学生的学业自我概念显著高于初二、初三学生,初二学生学业自我概念显著高于初三。这可能是因为,初一课程相对容易一些,随着年级的增高,课程难度增加,学生的学业压力增大,学业自我概念可能会降低。在自我价值感与身体自我概念方面,存在着性别与年级交互作用,初中女生的自我价值感、身体自我概念随着年级的升高而降低。

3.对自身的关注加强

青少年对自身的关注使这一时期成为儿童自我概念发展的重要时期之一。由于面临人生的巨大变化与转折,他们不断地认识自我。一般认为,初中学生的自我概念整体发展较为平稳。然而高一年级学生的自我概念在总量表、学业自我和非学业自我方面,都有显著降低。这可能是因为他们刚刚升入高中,需要适应更为复杂的环境和更为繁重的学习任务,容易对自我产生怀疑,在自我认识与评价上产生心理冲突与困惑。

4.自我形象在高中阶段已趋于稳定

高中阶段是个体自我形象逐渐达到稳定的时期,一个人在高中阶段对自身的看法,有许多都持续终生。高中生自我概念趋于稳定,主要受四个因素的影响。第一是生理因素,主要是身体外观形态上的特点,这种特点可以影响到高中生自我概念的积极性程度或消极性程度;第二是认知水平,具有较高的认知水平及较成熟的形式逻辑及辩证逻辑思维特点的高中生,往往具有更适当、更稳定的自我概念;第三是父母的自我概念倾向对高中生自我概念的影响,其影响力是同方向的;第四是成功及失败经验的积累,这也是影响自我概念性质的一个因素。

六、学生自我概念改善的策略

自我概念实际上起着引导个人行为的作用,对个体经验起着解释的作用,对个体未来产生期待的作用。所以,形成什么样的自我概念对个体的学习行为以及未来人生的目标具有非常重要的作用。在这个意义上,在学生的发展过程中,引导他们形成积极的自我概念,对于"学会做人"有着非常重要的意义。因此,教师帮助学生形成积极的自我概念是学校教育的一项重要任务。下面是一些改善学生自我概念的措施。

(一)自我知觉的统一

首先,鼓励学生积极地探究自我,将认识和了解自己当成一件乐事。其次,帮助小学生正确认识生理自我和心理自我,如自己的长相、身高、体重;自己的感觉、情绪、各种能力以及与父母的感情,与同学的关系等,并要接受生理上和心理上的自我,不断积累自我经验,使现实自我与理想自我相统一。学生家长与教师对学生的期望要符合他们的实际情况,不要一味地过高要求,要承认孩子的独特性,针对每一个孩子的特点提出不同的期望,有助于他们形成正确的自我概念。

(二)肯定的评定

美国心理学家因姆在20世纪70年代提出了改变自我意识的理论。他认为自我概念是从周围人们的期待与评价自己的过程中由主观体验而发展起来的,通过评定人们的行为能改变其自我知觉,从而影响态度的改变。肯定的自我知觉比否定的评定更能有效地改变人们的行为。在学校中,教师应多给学生积极的、肯定的和公正的评价,根据每个学生的不同智力水平、不同的身体素质以及原有的知识水平等,从多角度、多方面去发现每一个学生的才能和潜力,对他们作出不同的积极肯定的评价,使学生能及时发现自己的长处,体验到成功的喜悦,提高自信心。这对学生形成积极的自我概念意义重大。

(三)引导学生进行正确的成败归因,增加成功的体验

归因理论认为,学生往往将自己的学习和行为结果归为四个方面的因素:努力、能力、任务难度、机遇。这四个方面的因素又划分为三个维度,即内在—外在因素、稳定—不稳定因素、可控制性—不可控制性因素。一般不自信的学生,往往把自己学习失败归因于能力差、思维迟钝、记忆力差或任务难度太大等因素,并且他会担心下次还会失败,容易对自己丧失自信心,容易形成不正确的自我概念。而自信的学生常把他们的成功归因于能力强、思维活动活跃、记忆力好等较稳定的因素,即使偶尔出现失误,他们也会将其归因于运气不好、身体不适、发挥失常等与能力无关的因素,他们能正确地看待失败与挫折。在教育教学中,教师应根据不同的情况来分析学生的归因,正确运用归因理论,有针对性地采取干预措施,给学生以成功的体验,鼓励他们对自己进行内归因,这有利于学生形成正确的自我概念。

第二节 山区儿童的文化认同

在自我概念中,自我文化认同对自我概念的发展起着重要的作用。自我文化认同包括职业、政治、宗教、价值观等方面的自我评价和自我定位。农村山区学校的学生由于地域位置、生活方式,在农村城镇化进程中对自我存在一定文化认同的困惑。

一、自我认同感

"认同"一词最早由弗洛伊德提出,指个人与他人、群体或模仿人物在情感上、心理上趋同的过程。自我认同也称自我同一性,是由美国精神分析学家艾瑞克·埃里克森(Erik Erikson,1902—1994)提出的,他在弗洛伊德自我概念的基础上提出并形成了系统的同一性发展理论,认为自我认同是个体在职业、政治、宗教、价值观等方面的自我评价和自我定位。自我的基本功能是建立并保持自我同一性,但是在个体的自我意识中,常常会出现个体不能形成统一的、连续的、整合起来的自我观念形象,或者失去对自我价值、自我意义的积极感受的情形,这种现象被称为"自我认同危机"。英国社会学家安东尼·吉登斯指出,个体通过内在参照系统而形成自我反思性,由此形成自我认同的过程。在他看来,个体的自我常常在断裂的时空情景中被撕成碎片:我怎么了?我在哪里?于是自我认同危机便不可避免地产生了。埃里克森认为自我同一性或自我认同是一种对于我是谁,我将走向何方,我在社会中处于何种地位的稳定连续感。自我认同的人能够理智地看待并且接受自己以及外界,能够精力充沛,热爱生活,不会沉浸在悲叹、

抱怨或悔恨之中，而且奋发向上，积极而独立。

农村学校的学生尤其是亲子分离儿童，随着城镇化的发展，对自己的身份有了新的认同，他们努力改变自己的农村身份，融入主流社会。

处于青少年时期的学生，他们的自我认同过程正经历一场"危机"，这是因为青少年身体的显著变化，身体变化会影响他们的外观形象及其对躯体的自我感觉，同时还要对性关系的模式作出决定，对职业、道德、政治取向作出决定。除此之外，他们还面临城镇化过程中身份的认同问题。这个问题是他们面临的最大问题，影响他们的自尊，决定他们以后生活的方式。马西亚用访谈法对青少年有关声望、宗教、政治信仰及性行为态度的认同状况进行评估。结果发现，青少年有四种同一性状态。(1)同一性混乱，这类人还没有开始认真思考同一性问题，更不用说作出什么承诺了。(2)同一性早定，这类人会不假思索地接受父母的或传统的观念，完全没有自己的价值判断。(3)同一性延缓，这类人正在经历埃里克森预言的危机。他们要作出一个承诺，但是现在仍然在各种选择之间犹豫不决。(4)同一性获得，这类人已经度过了危机阶段并作出了最终决定。在这四种同一性状态中，同一性混乱是最不成熟的状态，同一性获得是最成熟的状态。一项对12~24岁男性的横断研究表明，仅有超过半数的被试在24岁时达到了同一性获得状态。

二、农村学生文化认同危机

城镇化的过程不仅是农村转变为城镇，农民转变为市民的过程，还是传统乡村文化向现代乡村文化转变的过程。不可避免的是，乡村文化面临生存和发展的考验，随着乡村生态环境遭到破坏，乡村社会出现了乡村文化认同危机。

关注亲子分离儿童的乡村文化认同危机，不仅是发展繁荣乡村文化，实现社会转型的需要，更是关心乡村青少年健康成长的现实需要。

文化认同是指："对人们之间或个人同群体之间的共同文化的确认。"[1]乡村文化认同是指农民对自己文化的确认、接受与理解，对建立在农业文明基础之上的生产、生活方式的认可，对共同的文化行为、文化理念和文化品质的坚守与传承。只有建立起正确稳定的文化认同感，认可乡村文化的产生条件和表现形式，正确理解和把握乡村文化对乡村社会发展以及个人成长的作用，才能在开放的社会环境下体现乡村文化的价值，促进乡村儿童心理健康，认同并参与乡村文化的积极性、主动性和自信心。

亲子分离儿童作为乡村儿童重要的一支，是未来乡村社会的建设者。如果对属于自己的乡村文化缺少主动性和积极性，从内心排斥和否定，反而一味地热衷于城市文化，那么乡村文化就会失去建设的力量与希望。"如果失去乡村文化的传统根基，人类

---

[1] 崔新建.文化认同及其根源[J].北京师范大学学报(社会科学版)，2004(4):102-104.

社会失去的将不单纯是一种文化样态,更是凝聚、寄寓在传统文化中的民间智慧和精神血脉。"①

山区儿童的乡村文化认同危机主要集中表现在对乡村文化的否定、疏远和排斥,以及对城市文化的盲目追崇。由于自身知识水平、生活阅历的欠缺以及缺乏正确的辨别力、理解力,山区儿童在面对乡村文化时往往采取全盘否定的态度,忽视或漠视乡村文化产生的基础以及乡村文化的文化价值和社会意义。随着城市文化强烈的冲击,山区儿童的乡村文化自信心、自尊心、自豪感、亲切感下降。他们主动放弃学习和传承乡村文化的机会,缺少积极传承乡村文化的责任意识与社会担当,一些古老优秀的乡村文化可能面临后继无人的尴尬局面,出现了传承的断裂。不仅如此,山区儿童虽然身居乡村,但在感受城市文化给他们带来新鲜快乐的同时,极易忽视城市文化的弱点,狂热地迷恋明星,强调个人权利,追求物质利益,结果形成错误的文化价值观。这些山区儿童在感受、追求城市文化的过程中,可能会迷失自我,迷失乡村文化的发展方向。不可回避的是,乡村情怀逐渐淡化与淡忘,他们内心缺少对土地、对自然的敬畏,失去对乡村的留恋与精神寄托。他们身居乡村却热爱城市,他们拒绝乡村却不得不生活在乡村,他们已失去生命之根,内心处在文化认同的危机中,身心极易出现社会适应困扰的心理问题。

三、乡村文化认同危机的原因

(一)城市文化对传统乡村文化的影响与冲击

随着改革开放,尤其农村城镇化后,农民的自主性和流动性增强,乡村儿童尤其亲子分离儿童群体,他们会在父母回乡或以候鸟方式在跟随父母短暂的生活过程中接触到城市文化。由于缺少正确文化价值观的指导,亲子分离儿童会人为地放大城市文化的优点,缩小乡村文化的优点,以实用性和功利性的价值取向审视城乡文化,把城市文化看成主流文化,将乡村文化视为非主流文化。在与城市文化的相互比较中,乡村文化失去竞争力,日益被边缘化。城市文化以强大的吸引力和影响力冲击着乡村文化,乡村传统社会秩序逐渐瓦解,优美的生态环境在追逐经济利益过程中渐渐遭到破坏,古老的风俗习惯、淳朴的乡规民约、独特的宗族文化在城市文化的裹挟下日益淡化,乡村社会原有的利益观、价值观、婚姻观、家庭观、消费观和人际观在城镇化过程中悄然发生着改变。"乡村原有的内在精神元素与弥足珍贵的价值成分逐步被蚕食,乡村生活逐渐失去了自己独到的精神内涵和独特的文化魅力,丧失了对少年儿童的凝聚力、吸引力。"②一旦失去对乡村文化的认同,亲子分离儿童就会放弃对乡村文化的坚守,丢掉内心对乡村文化的美好印象和希望,邯郸学步般地追逐城市文化,进而引发了真正意义上的乡村文

---

① 赵霞.当代中国乡村文化认同的理论外延与路径依赖[J].河北师范大学学报(哲学社会科学版),2013(5):138-143.
② 江立华.乡村文化的衰落与留守儿童的困境[J].江海学刊,2011(4):108-114.

化认同危机。

(二)学校乡村文化教育的缺失

乡村学校的教育目标应该是通过教师知识的传授和价值观的引导,提高学生的知识水平和文化素质,为今后乡村建设培养高素质的人才。但在目前的乡村教育中,升学率是考察教学质量高低的重要标准,旨在培养离开农村和农业,进入城市的人才。这就使乡村儿童意识到乡村对于他们来说只是临时之地,乡村文化并不重要,质疑、疏远、排斥的文化心理自然形成。

乡村教育内容以城市教育为蓝本,缺乏乡土性,只是对城市教育的简单复制,乡村教育在教育过程中失去了自主权、话语权和地方特色。使用为城市儿童编写的教材,与乡村文化有关的内容在教材中所占的比例非常有限,几乎没有涉及乡村民俗习惯、民间故事、民间歌谣、民间曲艺、民间信仰等内容,乡村文化的生存空间被大大压缩。长此以往,乡村儿童在这样的教育环境和氛围中,缺少接受乡土文化教育的机会,又在客观上接受了大量非本土化的东西,逐渐对乡村文化失去信心和亲切感,乡土情结逐渐淡化。

相对于城市教育,乡村教师教学环境艰苦,教学任务繁重,完成正常的教学任务之后,几乎没有时间进行乡村文化教育活动和实践活动。对于大部分乡村教师而言,缺少在教学活动中融入乡村文化教育的自觉意识,很少有乡村教师会思考自身在乡村文化教育中的角色和责任,思考乡村文化未来的发展。

大部分乡村教师在课堂上讲授的是城市文化,通过传授城市价值取向的知识,强化了乡村儿童对城市文化的向往与追求,使他们漠视甚至鄙视自身生存的文化样态与文化环境。

(三)家庭乡村文化教育的缺失

在城镇化过程中,农民的流动使传统家庭结构发生了改变,亲子分离已成为广大农村的家庭现状。农村儿童生活在一个父母不在场的生活场景里,其情感、心理和行为极易受到外界因素的影响而发生变化。

父亲长期在家庭生活中处于缺席的状态,祖父母无力承担起教育儿童的责任,家庭失去了人文教育功能和价值引导功能,家庭对儿童的影响力下降。儿童很难从日常言行、家庭的风俗习惯、邻里的人际交往中直接感受乡村文化,无法体会到乡村文化所传达的文化理念和文化品质,他们的乡村社会化出现了很多不确定的后果,也对乡村文化的认知产生了负面影响。

(四)乡村文化生存环境的改变

在工业化和城市化的时代变迁中,一些传统村落遭到破坏或消失。2000年,中国自然村总数约为360万个,到了2010年大约锐减到270万个,仅仅10年内就减少了90万个。伴随着村庄的消失,农民失去的不仅是生产生活的场所,更是曾经共有的精神家园和集体记忆。在城镇化过程中,大量的青壮年农民常年游走在城市与乡村之间,造成了乡村文化建设主体的缺失，动摇了传承优秀乡村文化的根基。

由于无法正常组织开展乡村文化活动，乡村公共文化空间缩小，历史久远、内容丰富、形式多样的民间文化逐渐从农民的日常生产生活中淡化和消失。一些古老的乡村文化面临着传承危机，愿意学习、传承传统乡村文化的人越来越少，乡村文化建设队伍出现了断层。这些因素改变了乡村文化的生存条件和环境。在乡村文化举步维艰，到处弥漫着城市文化的氛围里，山区儿童无法从自己的生活空间里接触到乡村文化，无法从父辈那里触摸到乡村文化的历史根脉，无法看到乡村文化的出路与未来，他们内心呈现的是对乡村文化的迷茫、困惑与无奈。

四、应对山区儿童乡村文化认同危机的对策

（一）充分发挥政府在乡村文化建设中的主导作用

各级政府要明确自身的职权、责任和任务，准确把握乡村文化建设的内容、发展目标、建设手段和方法，制定符合当地实际的乡村文化建设规划和政策，积极引导和推动乡村文化健康发展。

政府要加大对乡村文化建设的资金投入力度，改善乡村文化建设的软硬件设施，改建、扩建、新建乡村图书馆、阅览室、文化活动室、电脑室、体育活动室，为山区儿童学习了解乡村文化提供必要的条件，营造良好的文化氛围。

政府要加大挖掘、保护和开发乡村文化遗产的力度和规模，将优秀的图书、电影、广播、曲艺等引入乡村，走进农民的日常生活，丰富农民的精神世界。将符合儿童文化心理的现代内容融入传统乡村文化之中，将城市文化中的优秀因子与传统乡村文化相结合，既保留乡村文化的原汁原味，又增强乡村传统文化对亲子分离儿童的吸引力和感染力。然后，要积极引进社会资本，大力发展乡村文化产业，在提高农民经济收入的同时，让山区儿童感受到乡村文化所具有的经济价值、人文价值和社会价值。

通过形式多样、内容丰富的乡村文化活动，让山区儿童在娱乐中体会乡情、乡愁、乡音、乡韵，感受乡土文化的温度与力量。这样既增强了他们对乡村文化的认识，又激发了他们对乡村社会的热爱与依恋之情。

（二）加强学校乡村文化教育

乡村教育要摆脱以城市教育为价值取向的教育模式。立足乡村、回归乡土，突出乡村教育的乡土性、地方性和差异性。在教育内容、教学方法和手段以及教育评价标准上进行深入的探讨和研究，形成一套既符合乡村实际，又能满足广大乡村青少年学习要求的教育内容、教学方法和评价体系。开展适合当地乡村实际的文化教育活动，避免城乡文化教育形式的趋同化、教育取向的城市化、教育手段的单一化。将乡村教育之根深深扎入乡村的泥土之中，让亲子分离儿童在日常的学习生活中时时感受到乡土的气息，重新认识脚下的自然大地，认识生长其中的乡村社会以及建立在农业文明基础之上的乡村生产生活方式，培养他们对传统乡村自然、朴实、纯美、和谐的生活方式的理解与尊

重,对土地的敬畏,建设乡村文化的信心与勇气。

(三)加强家庭教育,复兴乡村文化发展的路径

开展形式多样、内容丰富的文化娱乐活动,调动村民参与乡村文化教育的积极性、主动性和创造性,树立正确的乡村文化价值观和认同观,把村民对乡村文化的感知转化成教育子女的具体行动,自觉地将乡村文化中的优秀部分,如厚重、自然、质朴的乡土民风,坚强、勇敢、乐观的生存姿态,善良、忠厚、诚实的农民性格,互助、重义、孝顺的伦理道德融入日常的家庭生活之中。

通过家庭教育,让乡村儿童在日常生活、风俗习惯、传统节日、人际交往、礼仪习俗中获得充分的文化培养与熏陶,在潜移默化中弥补学校教育的情感缺乏。

要加强专项培训,提高村民的知识水平和文化素养,增强村民建设乡村文化的自觉性、自信心和自豪感,以此培养出更多热爱乡土的文化建设主体,为乡村文化的未来发展提供强大的建设力量。

媒体库

一、资源拓展

1.视频赏析
(1)《乡村教师拄拐教书41年,守护留守娃》
http://www.iqiyi.com/w_19rzbnsi95.html

(2)2014寻找最美乡村教师《一个人,一辈子,一件事》
http://www.iqiyi.com/w_19rsnipjg1.html

2.体验与感悟
参观乡村山区小学,与教师交谈,了解他们的生活现状及人生追求。
3.讨论
农村山区教师的自我概念。

二、阅读

自我概念失当引起的自卑

小艾家在农村,是寄读生,父母是做小生意的,常为钱的问题吵架。小艾长相平常,性格忧郁、敏感。初二上学期时,一位同班的男生比较关心她,经常和她探讨学习,放学时两人常结伴一起回家。这让缺少家庭温暖的小艾初次感受到了来自异性的关心和爱护。可是,同班女同学经常在她面前夸那男生长得帅气。于是,她开始失去自信,她看着镜子里那个脸色黄黄、鼻梁塌塌、眼睛也不大的女孩就灰心丧气,原来和那位男生在一起时的快乐也消失了,只感觉周围有无数双眼睛在看着他们,议论着:"快看,这么难看的女孩。""两个人的外表怎么相差这么远?"小艾开始整夜整夜地失眠,"我为什么长得这么丑?"的想法像一块砖头堵在胸口,压得她喘不过气来。她开始逃避与男生的交往,变得更加孤僻。小艾感到无比的孤独与困惑,总觉得自己很渺小,与同学在一起,感到很痛苦,但是不与同学在一起,又觉得很孤独。她不是想方设法去适应环境,而是躲在一角悲叹自己的"无能"与不幸。她觉得自己的家境太差,长相平常,认定周围的人都嫌弃她、鄙视她。青春期的情感萌动,使她体味到了温暖和爱护、甜蜜和快乐,但随之而来的对自己外貌和体形的严重不满也使自己产生极度自卑,对自身优点视而不见。小艾是一个自我形象定位偏低的孩子。

小艾的问题主要是自我意识出现偏差引起的,自我意识是一个人对自己作为独特存在的个体的认识,是个体对自己的认识和态度以及对自己与外界关系的认识和态度

(包括自我认识、自我体验和自我监控)。它是个性的核心,其发展水平既影响心理健康,又制约良好个性的最终形成。初中生在自我意识发展过程中会产生种种矛盾冲突:有自我认识的主观性与客观性的矛盾;物质、精神需要与实现可能性的矛盾;有社会期望与自我监控水平的矛盾。这些矛盾冲突如果处理不好,必将影响初中生的心理健康,妨碍他们良好个性的形成。初中生常见的自我意识偏差表现有:①自我概念失当——高自我概念和低自我概念(小艾)。高自我概念的学生盲目自负,自我期望超过现实可能性,因而时常处于心理不平衡之中;低自我概念者看不到自己的长处和潜力,时常自卑自怜、自暴自弃,妨碍了自己的正常发展,对心理健康也非常不利。②厌弃形体自我。③过度自我中心;④沉湎于幻想自我。⑤自我监控困难。具体辅导时,可以从三个方面入手:

(1)帮助受导学生确立符合客观的自我概念。对于过分自卑的学生,应引导他们看到自己的长处和潜力。对一些无法改变的条件,如长相、能力不理想、家庭状况差于别人等,要能够自我悦纳,从而摆脱自怨自艾、情绪低落的心理状态。对于过分自负者,应帮助他们看清自身的不足,以找到通往理想的阶梯和与人和睦相处的办法。

(2)指导学生通过自我设计、自我评价、自我监控的具体操作,有效地在学习、生活实践中发展一个健康的自我。

(3)家长、科任教师等对受导学生有影响的人,要齐心协力共同创设一个有利于学生自我意识健康成长的环境,做到既不严厉苛求,施加过重的心理压力,也不宠爱、包办,剥夺孩子自然成长的权利,当然,更不能放弃教育,对孩子不闻不问。

(资料来源:https://wenku.baidu.com/view/16456ed3c1c708a1284a4422.html)

参考文献

[1]金盛华.自我概念及其发展[J].北京师范大学学报(社会科学版),1996(1):30-36.

[2]乐国安,崔芳.当代大学新生自我概念特点研究[J].心理科学,1996(4):240-242.

[3]谢玉珍.自我概念研究的历史与现状[J].黔东南民族师范高等专科学校学报,2004(4):57-58.

[4]崔娜.初中生学校适应与自我概念的相关研究[D].重庆:西南大学,2008.

[5]江立华.乡村文化的衰落与留守儿童的困境[J].江海学刊,2011(4):108-114.

[6]崔新建.文化认同及其根源[J].北京师范大学学报(社会科学版),2004(4):102-104.

[7]赵霞.当代中国乡村文化认同的理论外延与路径依赖[J].河北师范大学学报(哲学社会科学版),2013(5):138-143.

[8]赵霞.传统乡村文化的秩序危机与价值重建[J].中国农村观察,2011(3):80-86.

[9]王勇.城乡文化一体化与乡村学校的文化选择[J].中国教育学刊,2012(3):46-48.

[10]辛丽春.乡村教育现代化进程中的本土文化自觉[J].教育导刊,2012(8):22-25.

[11]陶圣琴.重建乡村文化:追寻乡村教育的文化之根[J].教育导刊,2010(5):8-11.

[12]刘伟.论乡村文化变迁中的留守儿童教育[J].宜宾学院学报,2015(7):17-25.

[13]刘铁芳.乡村文化对现代教育的启示与思考[J].江苏教育,2011(11):19-22.

[14]吕宾,俞睿.城镇化进程中留守儿童乡村文化认同危机及对策[J].宁夏社会科学,2016(4):229-233.

[15]BURNS R.Self-Concept Development and Education[M].Dorchester:Henry Ling Ltd.,1982.

[16]GERGEN K. J.Theory of Self:Impass and Evolution[J].Advances in Experimental Social Psychology,1984,17:49-115.

[17]朱智贤.中国儿童青少年心理发展与教育[M].北京:中国卓越出版公司,1990.

[18]章志光:学生品德形成新探[M].北京:北京师范大学出版社,1993.

[19]车文博.当代西方心理学新词典[M].长春:吉林人民出版社,2001.

[20]林崇德.发展心理学[M].北京:人民教育出版社,1997.

[21]章志光,金盛华.社会心理学[M].北京:人民教育出版社,1996.

[22]J.L.弗里德曼.社会心理学[M].哈尔滨:黑龙江人民出版社,1984.

[23]中国留守儿童心灵状况白皮书—2015[EB/OL].[2016-03-24].http://wenku.baidu.com/view/87c90854960590c69fc376cb.html.

第四章　山区儿童的生命观

青少年时期是人生发展的关键期,也是青少年从不成熟到成熟的过渡期,由于他们处于精力旺盛、活泼好动的年龄阶段,喜欢尝试的心理使他们经常处于危险的环境中,危及生命的事件时有发生,因此如何维护他们的生命,培养他们的安全意识是非常重要的。

第一节　山区儿童的安全意识

溺水、火灾、触电、中毒、摔伤……每年暑假都有接连发生的尤以农村孩子居多的儿童安全事故。安全教育需要家长、学校和社会三方共同协作,学校起到的作用是对学生进行教育,对家长进行提醒。

一、安全与安全意识

(一)安全意识

安全是指事物的主体在客观上不存在威胁,在主观上不存在恐惧的一种状态。

安全划分为自然属性和社会属性两种属性。免于和减少自然灾害破坏的安全被称为自然属性的安全。社会活动中没有人为破坏、危害的安全则称为社会属性的安全。

人脑对自身的大脑内外表象的觉察被称为意识。安全意识更多的是指一种状态,它体现在我们生活的方方面面,当我们内心感受到外界对自己或者对他人的安全产生威胁时,这种状态就会出现从而表现出警觉,同时我们自身也开始警惕起来。

小学生安全意识是小学生对遇到的安全问题进行的判断,以及作出评价的表现。小学生安全意识其实在以下几个方面都有表现:对安全知识的认知理解;如何防范安全问题的发生;对安全问题的判断和评价;当发生紧急事件时如何解决等,这些都是评价小学生对安全问题的认识状况的要点。加强学生安全意识的教育,能够帮助他们将生活学习行为控制在比较安全的一个范围,确保他们的安全状态不受打扰,在保护他们的同时也保护了其他人的安全。每位小学生的安全意识状态的提升,对他们的生活和学习也将产生良好的影响,让他们在确保自身安全的同时也能考虑到其他人的安全。

(二)身体安全意识

社会上经常出现的"猥亵"和"性侵"少年儿童的现象,就属于身体安全意识的范畴。

身体安全意识包括了过分的言语挑衅、身体接触及一些亲昵行为,并且这些行为产生的对象不仅限于异性,同性也可以作为这些行为的主体存在,而"性侵犯"则是身体安全最高的侵犯程度,同样的,性侵犯不仅在异性间存在,在同性间同样可能存在。

小学生身体安全意识指小学生在遇到过分的言语挑衅、身体接触及一些亲昵行为,比如抚摸身体、抚摸生殖器时,能否及时地意识到自己的身体安全受到侵犯并勇于维护自身的权益,保护自身安全。小学生身体安全意识在以下几个方面都有表现:对身体安全意识的认知理解;如何防范侵犯身体安全事件的发生;对安全问题的判断和评价;当发生危害自身事件时如何解决等,这些都是评价小学生对身体安全问题的认识状况的要点。目前,新闻中常见的侵犯者可以是受害者熟悉的、处于权威地位的家人、老师、亲属和熟人,也可以是同龄人或陌生人。一旦小学生的身体安全受到侵犯,将对他们今后的生活造成不可估量的后果,所以培养小学生的身体安全意识势在必行。

二、小学生安全意识现状分析[①]

(一)食品安全意识

民以食为天,病从口入,食品安全对人的身体健康非常重要。食品安全意识就是对食品的生产、销售、购买,以及食用要有卫生健康的意识。小学生几乎不注意包装上的质量标示,他们在食品安全方面的意识还是比较淡漠的。

调查表明,只有1.7%的学生在购买食品时总是去关注食品的生产日期、保质期等标志。其中,一、二、三年级的学生都不会去关注食品的生产日期、保质期等相关标志,他们认为"没有必要""这种行为太过多余""家长会帮我看",甚至有3.3%的孩子根本不知道食品包装上会印有这些标志。

13.3%的学生偶尔会去注意食品的生产日期、保质期等标志,这些学生是四、五、六年级的。在一般情况下,学生不会去关心这些内容,特别是在超市买食品时,他们认为超市里的东西不会存在过期或者是食品来源不明的情况。

仅有1.7%的学生总是注意食品的生产日期、保质期等相关标志,而这些学生是六年级的。他们认为关注食品的生产日期、保质期等相关标志是非常重要的,这一行为习惯是学生在家长身上学习到的。

对于是否购买路边小吃,100%的学生都认为路边小吃是不安全、不卫生的,但其中80%的学生还是会选择去路边小吃摊上买东西,剩下的20%学生不是不想买,而是家长来接送上下学不给他们购买,他们内心实际上也是很想买的。

至于48位学生购买路边小吃的原因,可归纳为选择多、味道好、价格便宜、购买方便、想吃,见表4.1。

---

① 李韦娴.小学生安全意识现状和对策研究[D].丽水:丽水学院,2016.

表 4.1 购买路边小吃的原因

项　　目	频数	百分比	排序
选择多	25	52.1%	4
味道好	45	77.6%	2
价格便宜	15	25.9%	5
购买方便	40	69.0%	3
想吃	46	79.3%	1

表 4.1 说明学生购买路边小吃的原因排在第一位的是想吃,只要看到有东西在卖,自己的嘴馋了就会去买来吃。第二位是味道好,这是学生购买路边小吃一个很重要的因素。最后一位是价格便宜,现在的家长一般都会给孩子零花钱,价格不会构成不购买路边小吃的因素,"价格不重要,好吃就好了""我要是喜欢吃就会买""价格不是我考虑的原因",但对于零花钱少的孩子来说,价格便宜是吸引他们购买路边小吃的部分原因。

100%的学生都不会去关注商家是否有健康证等相关证件,甚至有80%的孩子根本不知道健康证是什么。虽然20%的孩子知道健康证是什么,但他们不会去查证商家是否有健康证。

不论是与食品安全相关的知识,还是日常饮食行为,都反映出小学生食品安全意识不强。小学生的健康成长离不开健康安全的食品,所以培养与提高小学生食品安全意识势在必行。

(二)交通安全意识

对农村山区某小学小学生交通安全意识的访谈调查主要包括了对交通安全知识的了解情况以及他们平时在交通安全方面的行为和习惯。从以往每年的交通安全事故的统计及此次访谈中我们发现,小学生的交通安全防范意识不强,安全意识薄弱急需提高。

被访谈调查的60名学生中,他们的交通方式主要为:步行28.3%、家长接送51.7%、自己乘公交车回家20%。对交通规则的了解方面,见图4.1。

有76.7%的小学生了解一些交通规则,3.3%的小学生对交通规则是比较了解的,还有20%的小学生对交通规则是不了解的。这说明小学生基本上都对交通规则有一定的认识,他们都知道在特定情况下的正确的交通行为,如红灯停、绿灯行、黄灯等一等,但当被问到比较具体的信号灯或者指示牌的作用时,部分小学生反映出错误的行为观点,这种选择在现实中的某些时候可能会造成难以预计的后果。

关于小学生穿越马路时遇到红灯会发生什么情况的研究结果如图4.2所示。

比如说,在穿越马路一半时,交通信号灯变成了红灯的情况下,73.4%的小学生会继续向前走,也有8.3%的小学生选择站在原地等待下一个绿灯亮起后再行通过马路,这两种选择都是正确的交通行为,可还有15%的小学生选择了退回到马路边上,3.3%

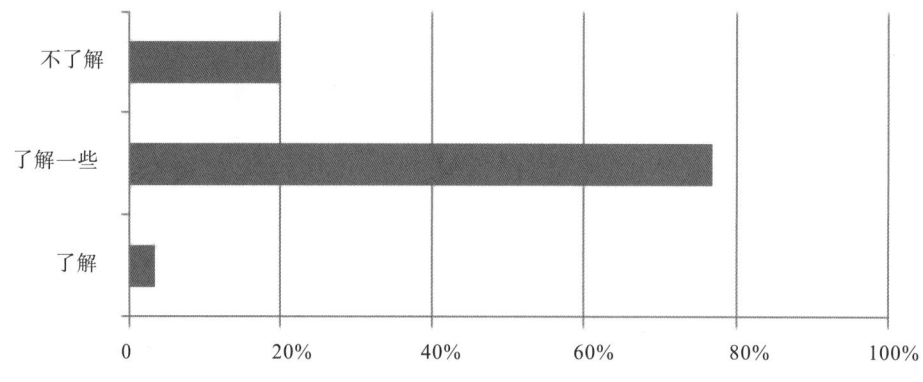

图 4.1　小学生对交通规则的了解程度

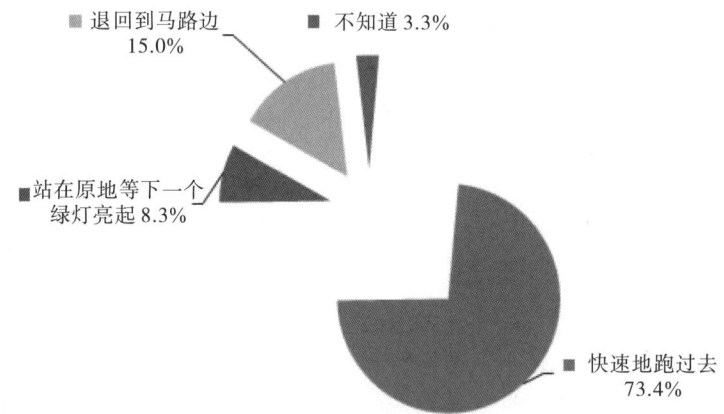

图 4.2　小学生穿越马路时遇到红灯的情况

的小学生不知道自己应该怎么做,退回到马路边上的行为是极其危险的,很容易被正在通行的机动车撞到,而不知道自己应该怎么做的小学生需要有正确而深入的交通安全意识教育。

"小学生在人行道的红灯亮着但没有往来车辆的情况下的行为选择"表明,15%的小学生会选择马上通过路口,48.3%的小学生会选择等绿灯亮起再通过,36.7%的小学生会看情况进行行为选择。更有甚者,在校内外行走或者是过马路的时候,偶尔会有两三人并排走或是相互间追逐打闹的现象。

现在客观不安全因素的存在、车辆的增多以及行人不正确的交通行为,导致交通事故发生率居高不下。因此,小学生必须加强自身的安全意识,在最大程度上保护自己的安全。

(三)人际交往安全意识

小学生大多生活在学校或是家长的监控下,社会经验不多甚至可以说是没有,思想较为单纯,对社会的阴暗面没有接触,因此,小学生缺乏必要的人际交往安全意识且容易盲目相信别人。

"小学生面对放学没人接的情况下,有个有点印象的阿姨说带他去爸爸/妈妈工作的地方的行为选择",可归纳为三个情况:跟她走、不跟她走、向父母确定后再决定。有51.7%的小学生会选择相信她并且跟她走,8.3%的小学生不会跟她走,40%的小学生会跟父母确定后再决定跟不跟她走。这个结果表明孩子们对自己有点熟悉的人防范意识非常弱,当有人自称是其家长的朋友而孩子自身又对他有些熟悉时,孩子就会觉得"没关系,反正是我认识的人""我觉得没关系啊""既然是我认识的人就没问题"。大量事实表明,"有点"熟悉的人是非常危险的,对他没有过多的了解,仅凭几面或者是点头之交就对他投以万分的信任,若这个人真的是不法分子,当他想要对小学生实施犯罪行为的时候,由于小学生年纪小,很难从不法分子的魔爪中逃脱,最后造成难以估量的后果。但欣慰的是仍有48.3%的学生作出了相对正确的选择。

近年来,微信、QQ等社交方式渗透小学生的生活,他们在网络上能够认识各个地方、各种各样的人,在网络上与陌生人交谈免去了现实中与陌生人面对面交往时的胆怯,让孩子觉得轻松、平等。但小学生个性单纯,社会经验和社会阅历存在不足,当他们遇到一些不法分子时很容易步入对方的陷阱,将自己的信息一五一十地告诉对方,如自己的名字、父母的名字、联系方式、家庭住址等,犯罪分子可以利用这些有价值的信息来达到他们的犯罪目的。图4.3的数据显示:50%的学生会向认识不久的人透露自己的信息,认为"这样做不会有什么问题""我认识他们,他们就是我的朋友,跟朋友说没什么不好""反正不是同一个地方的,不会有事情的"。3.3%的学生明确表示自己不会跟别人说自己的相关信息,认为"自己的事情告诉不太熟悉的人不好""可能会出现什么不好的事情""老师说不要随便向不太认识的人透露自己的信息"。而46.7%的学生则是看情况再决定告不告诉别人。

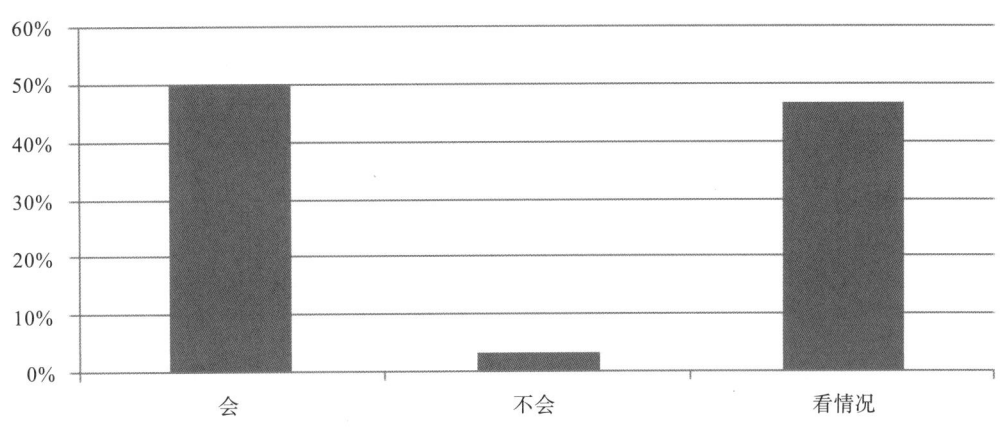

图4.3 是否对认识不久的/网络上认识的朋友透露自己的一些信息

总之,现在的小学生对人际交往安全这方面没有过多的防范,容易相信别人,虽然家长和老师平时也有对孩子进行这方面的教育,但是孩子并没有形成一定的人际交往安全意识,在行为选择上也存在一定的误区。

(四)运动安全意识

小学生正处于好动的阶段,运动是他们生活中不可或缺的一部分,某小学是足球特色学校,为了增强小学生的体质和丰富学生的生活,学校会组织各种各样的体育活动,而小学生也很喜欢参加学校组织的各种体育活动。图4.4给出了小学生运动前是否热身的情况。

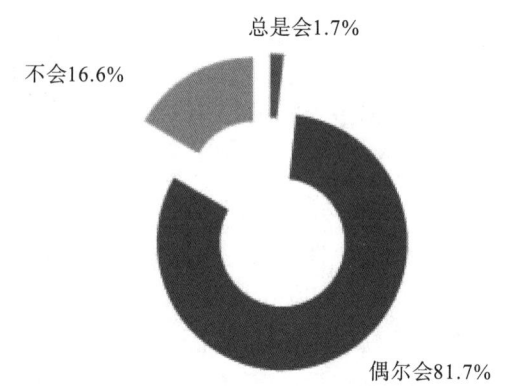

图 4.4 小学生运动前是否热身

学生都喜欢运动,尤其喜欢上体育课。但小学生运动前的热身情况还不是很乐观,只有1名学生表示自己运动前都会热身,且这名学生是学校足球队的成员。81.7%的学生表示自己偶尔会在运动前热身,"体育课上老师要求的时候我就会热身""热身太麻烦了,感觉有的时候没有必要""如果运动不剧烈我就不热身了"。16.6%的学生表示自己不会在运动前热身,认为"热身没有必要,我以前没有热身也没有出现什么问题啊""我觉得热身没有用""为什么要热身""什么是热身"。

在对运动急救方法的了解上,1.7%的学生表示自己知道很多运动急救方法,并能举出具体的例子,如:擦伤后用矿泉水洗伤口、用冷矿泉水冰镇拉伤的肌肉、脚崴了之后要先冷敷然后再进行热敷处理等。43.3%的学生表示自己了解一些急救方法,55%的学生对运动急救方法知道的不多或者是都不知道。其中知道很多运动急救方法的仍然是学校足球队的成员,而对运动急救方法知道的不多或者是都不知道的学生基本上都是一、二、三年级的学生。

对"运动的时候你或者你的同学受伤了你会怎么办?",小学生的回答按从多到少的排序依次为:寻求老师或者校医室医生的帮忙(98.3%),自己先采取一定的措施(1.7%)。其中那1.7%仍然是那位学校足球队的成员。

"我爸爸妈妈说过,在学校受伤后不能乱动要叫老师或者医生来帮忙"。

"受伤之后乱动可能会让我的伤口更严重"。

"我不知道怎么办,只能叫老师或者校医室的老师来帮我看看"。

从以上访谈结果来看,小学生的运动意识现状虽然没有到特别薄弱的程度,但从整体上来说还是需要学校、老师、家长给予更多的关注。

(五)身体安全意识

小学生的心理发展不完善,社会阅历不足,对身体安全这方面的知识了解很少。目前,社会上小学生身体受侵犯的事件屡有发生,这需要引起家长、老师的共同关注,也需要学生有身体的安全意识。

对"你认为什么叫过分的亲昵行为?"问题的回答,一共有四项,包括不知道、被不认识的人摸身体、亲吻、牵手。回答的结论可以分成三类,见表4.2。

表4.2 对过分的亲昵行为的理解

反应	不知道	平时的身体接触	过分的身体接触
频数	32	25	3
百分比	53.3%	41.7%	5%

表4.2说明53.3%的小学生不知道什么叫过分的亲昵行为,41.7%的小学生把平时的身体接触等同于过分的身体接触,5%的小学生对亲昵行为有简单的了解。从数量上来说,不知道的学生居多,概念正确的学生寥寥无几。访谈还发现:100%的小学生对自己父母的朋友抱以万分的信任,虽然人与人之间的信任是必不可少的,但这种情况还是存在很大的危险性。

有很多学生对亲昵行为不了解,更不了解什么是过分的亲昵行为。对"如果有异性对你有过分的亲昵行为,你会及时向家长或学校相关老师反映吗?"这一问题,43.3%的学生会向老师和家长反映,因为他们认为"这种情况我不知道怎么办,但我会向妈妈说""在学校遇到这种情况我会跟我关系好的老师说""这种行为让我很难受,我要跟妈妈说"。53.3%的学生则表示自己不会跟家长或者老师说,因为他们觉得"这种事,我很难说出口""不想说""我是男生不会遇到这种情况的""我会跟妈妈说,但我不会跟老师说"。3.3%的学生则表示自己会跟老师或者家长说,"我会根据当时的情况再决定""遇到这种情况我一定会跟大人说"。

对"有个平时对你言行过分亲昵,在别人口中形象非常不好的异性约你去一些隐秘的地方单独相处,你会去吗?"这个问题,100%的学生都表示不会去。

从以上结果发现,小学生对身体安全意识的了解不多,但在简单地了解之后对于一些情况都能作出比较正确的选择,所以培养、提高小学生的身体安全意识需要家长、老师、学校采取相对应的措施。

三、农村安全事故频发

(一)安全事故发生的原因

小学生好奇心旺盛、模仿欲望强烈,同时他们的判断能力差、理性分析能力差,容易受到社会上不良风气的影响,对一些事件不能形成正确的认识。社会对小学生安全意识的培养不够重视,导致小学生缺乏相应的安全知识,致使安全意识不强。现在社会对于小学生的科学文化知识较为重视,而在小学生安全意识方面的重视程度远远不够,因而小学生本身也不会在安全知识的学习上花太多的心思和精力。

学校更多的也是重视孩子在科学文化知识方面的掌握情况,在教育孩子时更多的是以科学文化知识为主。虽然经常下发一些关于增强小学生安全意识的相关文件,但实际上在课堂中并没有得到很好的落实。

家长一般太过于重视孩子们在文化知识上的学习,除了学习就什么都不用孩子做,孩子在生活中不能接触到现实的安全问题,从而不能从父母那里得到相应的生活知识。家长对孩子的溺爱也是一个方面,对孩子过多的保护容易使孩子对自身安全缺乏一定的警惕性。农村的家长忙于外出打工,或种地,对孩子的安全意识教育还不够全面、深入。由于缺乏必要的监管,农村儿童,尤其大量的亲子分离儿童,一到暑假几乎处于老人的看管下,所以他们常常成为各种频发事故的受害者。儿童的多发事故主要是溺水、性侵、车祸等[①]。这种情况已受到社会关注,成为许多社会组织帮助的重点。

(二)安全事故的种类

1. 溺亡事件频发

根据我国卫计委统计,我国每年有5.7万人死于溺水,而儿童溺水人数占到了总数的56.04%,这个数字不得不引起我们的注意。[②] 夏季是学生溺水事故高发季节,每年教育部门都会发出通知要求做好学生安全教育和管理,敦促学校发放"告家长书"让家长管好孩子,而实际效果难以令人满意。

据中国乡村之声《三农中国》报道:2013年6月26号,江西南昌市红谷滩新区生米镇文青村,3个同胞兄妹在村口池塘旁边玩耍时溺水身亡,最大的10岁,最小的5岁。出事孩子的父母都在外打工,只靠70多岁的奶奶看护。这是一个沉重得让人不忍再提起的悲剧。可是每年夏天,这样的悲剧都要在我们的面前重演几次,在此之前,接二连三农村孩子溺水身亡事件的发生,已经让这个夏天变得有些沉重;6月18日,河南省信阳市潢川县魏岗乡3名孩子溺亡;6月22日,内蒙古自治区呼伦贝尔市扎兰屯市5名孩子溺亡……冰冷的数字背后,留下的疑问是:为什么

---

① 农村儿童安全事件多发令人忧[EB/OL].(2015-06-01)[2017-12-05].http://www.xinhuanet.com//local/2015-06/01/c_1115472492.htm.

② 暑假之殇:农村孩子溺亡数量是城市5倍[EB/OL].(2013-07-03)[2017-12-05].http://news.163.com/13/0703/10/92RQ1TP700014JB5.html.

悲剧连年上演?

新华网2015年6月1日报道:广西中小学安全稳定工作研判会透露,溺水是威胁中小学生生命安全的"第一杀手"。眼下汛期来临,虽然还没有放暑假,但广西已发生多起儿童溺亡事故。

5月11日,广西南宁市横县六景镇八联村小学二年级班主任下午上课点名时,发现本班两名女生没有到校上课,与家长联系无果。12日上午,搜寻人员在八联村一处鱼塘内找到这两名年仅9岁的学生,经确认已溺水死亡。大沙田是南宁市典型的城乡接合部,所住居民多为流动性大的外来务工人员。近年来"黑网吧"逐渐被取缔,家长忙碌无暇顾及,节假日、双休日一些学生偷偷到邕江玩耍游泳。5月2日,南宁市良庆区大沙田5名男孩结伴去邕江玩,两名男孩不慎落水,一人尸体已找到,另一人至今未见踪影。"预防溺水"的安全通知年年有,儿童溺水死亡悲剧却一再发生。

2.性侵严重

儿童性侵是指一切通过传教、武力、欺骗、讨好、物质诱惑或其他方式,把儿童引向性接触,以求达到侵犯者满足的行为。许多研究表明,遭受性侵害的孩子在相当长的时间里,会不同程度地表现出一系列心理症状,比如:恐惧、焦虑、抑郁、暴食或厌食、不喜欢自己的身体、对身体有异样感、低自尊、行为退缩、具有攻击性、注意力不集中、药物滥用、自杀或企图自杀。如果没有得到足够的帮助,成年后多会在人际关系方面遇到困难,难以与异性建立亲密关系,有人还会多次受害。由此可见,性侵害对儿童身心健康有长期的影响。在中国,由于性教育的缺乏,儿童很难有效地保护自己。

最早见诸报端的是2012年甘肃陇西教师性侵幼童案,轰动了整个中国,这一兽行挑动着人们的敏感神经[①]。对于性教育该何时开始,怎样进行,引发了社会的广泛讨论。中国社会、家庭、学校对于儿童性教育的普及非常不到位,让儿童在懵懂时期,未能对自己行为有所认知,而屡遭伤害。社会一些性学者、专家呼吁进一步开放性教育,但由于受到传统观念的束缚,儿童性教育普及之路并不顺畅。农村亲子父母的女童是受到性侵较严重的群体。

5月5日,广西容县县底镇荣塘村一村民到县底镇派出所反映:其外孙女黄某于5月3日在荣塘村被一名男子"欺负"。容县公安局局长赵冬夫说,接到报案后警方迅速立案侦查,5月12日将嫌疑人梁某抓获归案。经调查,不满14周岁的黄某于2015年春节后至4月间被梁某带回家中及县城出租屋发生性关系。

记者见到受害者黄某,她把头深埋在双臂里,一直在低声抽泣。黄某的父亲说,女儿一直学习很好,考试成绩基本都排在全班前三名。目前她已辍学在家,精

---

① 甘肃陇西乡村教师涉嫌强奸猥亵8名小学女生调查(http://news.sohu.com/20120619/n345970006.shtml),甘肃省陇西县28岁的乡村教师刘军红涉嫌强奸、猥亵多名小学女生。受害女生多为亲子分离儿童。对于其中一名受害女童而言,母女俩有时候甚至一年见不了一面,上一次见面还是2011年春节。

神状态很差。

县底镇荣塘村另一位报案人叶先生说,女儿在荣塘小学念五年级,5月3日晚曾被绑架骚扰,之前曾遭到恐吓威胁。

村上的荣塘中学也有女生被社会青年性侵。报案人之一、县底镇古麻村村民陈先生说,14岁的女儿在荣塘中学上初一,4月期间被发现逃学,在家人多方询问下透露被性侵实情,并于4月21日喝农药欲自杀,被及时发现救回一命。

记者发现,荣塘小学相对偏僻,而学校院墙正在建设中。学校校长黄忠文说:"学校共688名学生,大多数是亲子分离儿童,家庭监护不到位。"报案家长则认为,老师发现学生逃学并没及时通知家长,孩子被性侵学校有责任。

3.交通安全凸显

根据《中国儿童道路交通安全蓝皮书(2017)》研究结果,农村因道路交通伤害致死的儿童数量大于城市。"蓝皮书"指出,一方面农村1~14岁的儿童人口基数大,另一方面,道路交通设施陈旧、监督监管设备不具备以及道路交通安全教育普及程度低导致了意外事故和交通违法行为的频发。据统计,农村发生车祸的概率比城市高,死亡率也比城市高。城市的车子比农村多,但城市的车祸死亡率比农村低,因为农村欠缺安全知识教育,因为经费比城市少,路况比城市差,信号标示也较少且不明确,医疗也比城市差。

百色市隆林各族自治县某村3名小学生平时寄宿在校,周五回家,周日再从村里搭车返校。5月初的一个周日,因没搭上车不能及时返校,却没告诉家长,次日又没搭上车,这3个孩子竟相约服下了鼠药,经送医院抢救幸无大碍。遇到困难,没想到倾诉求助而选择了轻生,这些孩子的心理健康令人担忧。

5月22日7时许,桂平市大湾镇安担村育才幼儿园一接送车在接送儿童途中坠落鱼塘,造成2名儿童死亡、20多名儿童受伤。经交警调查,车辆核载11人,实载26人,且该车逾期未年检……

近些年,各级教育部门对小学生安全意识重视程度不断攀升,经常给学校下发一些文件,旨在培养提高小学生安全意识,学校也加大了人力、物力投入,以确保校园安全;通过"消防安全日""安全活动月",以及定期举行"新生入学教育"、主题班会等形式进行宣传教育,可以说已经取得了一定的效果。为了进一步加强安全教育,学校还需进一步贯彻全面渗透,安全无死角的措施。尽管如此,还有不少的问题存在,因此仍需要通过各种措施来培养提高小学生的安全意识。

四、培养提高小学生安全意识的对策

(一)尽可能多地让社会力量投入小学生安全意识培养上

提高全社会对小学生安全意识重要性的认识,最好能为小学生提供人力、物力、财力等各方面的支持,不要以为培养提高小学生安全意识是学校的义务,一旦发生什么意外就把所有的责任推给学校。其他的社会力量,如公安机关、消防机关、安全机构、安全协会以及学校所处的社区都可以参与到培养提高小学生安全意识的行列中来。学校可以与公安机关合作,定期与公安机关一起组织活动,在活动中指导小学生学习。学校也可以邀请安全机构、安全协会到校为学生举办关于安全的讲座,但这讲座不能是虚的、不能说一套做一套,而是要真正贯彻落实。在宣传上更应该加大力度,社会媒体应立足于自身实际,通过广播、电视、报纸、杂志等载体宣传安全意识的相关内容。国家法律部门应立足当下及时制定出更严谨更切实可行的法规政策。

数码产品已成为小学生日常生活中不可缺少的一部分,在数码产品的使用上,他们具有强大的学习能力,可以开发一些与安全意识相关的手机应用程序或者网站,设计富有趣味性的内容并呈现出一个完整的安全意识教育体系,让学生从被动地学转化为主动去学。每个学生拥有一个自己的账号,学校及老师可以实时地掌握学生的学习情况,借助这样的方式,使学习不再受时间和地点的局限,更加便利。

(二)学校应积极加强学生安全意识的教育

学校是专门的教育场所,是对学生进行安全意识教育的主战场,这就要求学校领导高度重视,及时落实上级下发的相关文件,不能因为各种原因将其放到一边,对文件中要求的内容做到落实,若能在落实的基础上加以拓展,将能想到的学生要注意到的点都向学生提出并对学生进行教育,多次之后,学生必能慢慢地接受、理解和掌握。学校若能多花些心思,设计出一系列的方案将安全意识渗透到学生生活的方方面面并以此作为学校的特色项目加以发展,将带动其他学校一起发展,形成良好势头。

安全教育要落实到学校的各个环节,最好专职与兼职教师共同合作培养提高小学生的安全意识。专职的教师要有过硬的相关安全知识储备,还要了解各个年级学生的特点,这样才能进行有针对性的教育。专职安全教师要细心观察学生,善于从学生平时的行为中抽取有教育意义的点进行放大教育。此外,还要积极与其他任课教师加强协调与联系,一起对学生进行安全意识教育。若不能聘请专门的教师对学生进行教育,就要对学校所有的教师进行培训,使其提高对安全问题的认识、学习相关的解决策略及安全意识教育的方式方法。

安全意识的教育内容要具体、明确,切不能泛泛而谈,脱离实际。注重在获得安全知识的同时要掌握相应的安全技能。学校可以根据自身情况、学生的特点,编写安全意识教育的相关教学内容,从而实现校本课程的开发。

对学校的后勤人员也要定期进行教育,后勤人员的年龄层次、文化层次不一,要统一提高他们对安全意识的认识。后勤看似不重要,但实际上对学生来说是不可缺少的存在,既然小学生的模仿能力强,那么从他们身边的每一个能接触到的人入手,多少会对他们产生良性影响。

(三)重视家庭的安全教育,父母要做好榜样

增强家长对孩子安全意识重要性的认识,要让家长明白孩子的安全不仅仅是学校、老师的责任,更需要自己的付出,孩子的成长要以健康、安全为前提。孩子年纪小,判断能力弱,因此家长作为孩子的第一任老师担负着极其重要的作用,要认识到孩子安全意

识的重要性,可以通过生活中的一些小事,适时地对孩子进行安全意识方面的教育,将之渗透到孩子的思想之中。

家长自身要有安全意识,明白安全问题不仅会发生在孩子身上,同样也会发生在自己身上,遇到紧急情况时,家长可以运用自身具备的安全知识及时应对。危险不只存在外面,家里潜在的安全隐患同样也有很多,比如:煤气、大功率电器、孩子的玩具,危险随时都可能在自己或者孩子身上发生。在媒体上,偶尔能看到成人或是孩子在自己家中遭遇不幸,如:孩子被热水烫伤、因煤气泄漏中毒、孩子误吞玩具零件等。因此,家长安全意识的强弱,对于预防、发现及处理家庭里的安全隐患起着非常重要的作用。大量事实证明,家长具备良好的安全意识也是保证孩子安全成长的一道屏障。

家长是孩子的榜样,家长的行为对孩子有潜移默化的作用。家长要知道自己的行为对孩子的影响作用,所以,家长要从身边的每件小事出发,抓住时机对孩子进行安全知识教育以培养提高孩子的安全意识。

(四)加强社会、学校、家庭的合作

学校与社会力量合作的同时,要注重与家长的协作,家长是学生最亲密的、最常接触到的人,只有得到家长的支持,学校的教育活动才能顺利地开展和实施。学校定时定期向家长发放相关的安全意识教育资料,社会力量做好安全意识教育的宣传,从而形成良好的家庭教育环境。学校也可以从家长入手,家长里也存在着不可忽视的教育力量,可以成立一个类似"家长委员会"的"家长安全意识教育委员会",与学校一起为培养提高小学生安全意识出谋划策,也可让有意愿的家长成为"安全员",安排其在上下学时在校门口帮助学校一起关注学生的安全,让家长参与到学校的日常事务中来。

总之,社会、学校、家庭通力合作,将安全知识渗透到孩子生活学习的方方面面,孩子的安全意识定能得到培养和提高。

第二节　山区儿童的生命教育

关爱生命的首要标准是具有生命的自觉,有了生命的自觉就能主动地养护与维持自己的生命。要做到生命的自觉仅靠人的本性是不行的。人常说:知之深,爱之切。生命的自觉是要求个体建立在生命意识和生命情感的基础上。

一、生命自觉意识

生命意识就是对自己生命存在以及表达的体悟。生命意识正是通过不同个体看待生命存在的态度来显现自身;生命意识通过不同个体采取什么样的在世方式显现自身;生命意识与自我肯定、活出自我、接纳自己的独特性均有关联。它包括超越意识、悲剧意识、死亡意识等。

生命情感即个体对生命的体认、肯定、接纳、珍爱,是建立在生命意识的基础上的,是对生命意义的自觉、欣悦、沉浸,以及对他者生命乃至整个生命世界的同情、关怀与钟爱。生命情感植根于现实世界,又保持着对现实世界的超越,引导个体走向生命的深层,引向对个我生命乃至普遍生命的关怀,谛听个我生命的意义召唤,实现对个我人生百态的全面看护。生命情感作为个我人生的全面看护,是个体求真感、伦理感、审美感的基础与源泉。良好的生命情感使个体生命向世界保持良好的积极开放的态势,个体乐于与周遭世界进行活泼丰富、富于爱心的交流,使个体在与世界的交流中充满感动、激情和想象。

具有了生命意识和生命的情感,就能促进人建立生命的自觉,也就是生命自觉意识。

图4.5 生命教育是乡村学校学生的必修课

生命自觉是个体主动探寻、关爱、养护以及拓展生命的精神力量,它是基于对生命的意识。生命自觉性的不同影响了个体内在的修为和自我追求的实现。

生命自觉之人是拥有自我生命自觉的人。它不仅使人在外部世界沟通、实践中具有主动性,而且对自我的发展具有主动性。这种主动性首先表现在,"自我生命自觉"之人,不再依靠别人的镜子来观照自我生命的独特,不再一味依赖他人来对自我生命的成长指点迷津,而是一再地自我追问:"我是谁""我能做什么""我应该做什么""我到哪里去"。这种追问本身就是一种"内省",它暗合了中国传统教育对所欲培育之"君子"的要求,即君子要"克己"和"自省",这是修德成人的基础功夫。

自我生命自觉之人具有自我觉知、自我觉解、自我选择的意识和能力,这种能力特别体现为对人生意义有充分的觉知觉解,且能够将人生意义体现在具体的创造活动之中。生命自觉之人也是拥有对他人生命自觉的人。古人曰:己所不欲,勿施于人。这一自觉外推至他人生命的过程,意味着生命自觉之人,在日常生活中拥有对他人生命的敏感、尊重和敬畏,善于换位思考,具备丰富的移情体验,并自觉承担起对他人生命的责任和重荷。这种对他人生命的敬畏、责任和相关体验,是倡导和谐之当今时代的心理基础和伦理基础,也是所谓"生命教育"的基本内核。

具有生命自觉意识之人，还能够将自身置于特定的生境中去审视自我生命与所处生境的关系。这种考虑基于这样的信念：只有基于对生境的了解，包括了解什么是可能的，什么是现实的，什么是不可改变的，什么是必须要做的，什么可以做得更好，才有可能在现实的环境中寻找和拓展自己的发展空间。

一个人如果既能够看到生境对自我的限制，也能在生境中寻找自己的生存发展之道，避免以对生境的顺应或抱怨来替代对生境的主动改造，又能自觉意识到作为一个社会人，还应承担社会责任、积极改变现状和寻找理想发展空间，这样的人就是形成了生命自觉之人。他在自觉中构成了与生境的双向互动、双向构建的关系，他不是生境的仆从，也不是生境的主人，而是生境的合作者、参与者、构建者。自觉有助于形成人与生态的和谐关系，这一关系的理想状态就是"天人合一"，就是自我与生态的和谐融通。

二、生命教育的现状

我国生命教育研究起始于20世纪90年代，直至2009年，才逐步开展实践领域的研究，其研究重点从依靠其他学科进行渗透教育到探索形成一个独立的、完整的生命教育体系。根据文献资料分析研究以及有选择性地对几所小学进行实地考察，我国在对生命教育的研究以及落实方面存在以下几点问题：

（一）对生命教育重视不够

随着社会的发展，人们对自身的关注不断加强，对生命意义的思考也随之深入。2008年，汶川地震的发生[1]，给了人们一个巨大的冲击，加之近年中小学生非正常死亡率居高不下，生命教育的研究对象发生了转移，从而使研究达到了一个新阶段。

生命教育研究在我国起步较晚，其实践部分还处于一个探索的阶段，存在着一定的问题，如"课程理论与实践基础不足、课程定位不准确、课程目标与内容缺乏层次性和针对性、课程实施中活动体验的缺失"[2]；罗伽禄（2006）则认为目前还存在"教育行政部门、学校师生对生命教育的认知还不到位，死亡教育的内容还不到位，生命教育的相关准备工作还不到位，生命教育网络建设还不到位"的问题；汪夜霞也曾提出，当前生命教育在生命保全、心理健康教育、道德实践上均存在着一定的误区。[3]

（二）生命教育知识化，忽略了学生积极情感、态度的养成

目前，一些学校将生命教育仅仅等同于对生命知识的学习、记忆和对生命现象、生命规律的了解与把握。例如，学校通过开展安全教育、青春期教育等帮助学生习得交通法规、救生知识和青春期知识等，但知识传授的目的主要指向学生物质生命的保存与延续，在知识传递的过程中缺乏人文关怀和积极情感的渗透。这种缺乏与人情感世界沟

---

[1] 刘姝君.对"5·12"汶川地震灾后残疾儿童教育的思考[J].四川教育学院学报,2009.10(10):111-112.

[2] 闫守轩,李秀梅.中小学生命教育课程开发:问题与策略[J].教育理论与实践,2012(5):36-38.

[3] 汪夜霞.浅析当前生命教育的误区及应然之路[J].文化论坛,2013(11):267.

通的生命教育,进一步增加了学生原本沉重的课业负担,并且割裂了学生作为知、情、意、行高度统一的生命个体的完整性,不利于学生的身心和谐发展。仅仅依靠生命知识的习得,无益于丰厚学生对生命的感悟、体验及积极生活态度的养成,也难以培育学生对生命世界的热爱与对未来生活的憧憬,一旦遭遇挫折,消极情感导引下的学生甚至会运用所学知识扼杀自己的生命以寻求解脱。事实说明:频频发生的中小学生跳楼事件反映出,学生都已把握高空坠楼会危及生命这一知识点,但恰恰是消极的生活态度促使他们用这种方式结束自己的生命。因此,知识化倾向的生命教育无法引起学生精神世界的应和与共鸣,也因此无力穿越、抵达人的心灵,在本质上只不过是游离于学生精神世界的外在物而已[①]。

(三)生命教育碎片化,生命教育缺乏家庭与学校的有机整合

当前学校生命教育的实践中存在着教育主体、教育形式碎片化的现象,学校与家长、社区缺乏深入的合作,教育形式仍以说教为主。家庭作为最早对孩子进行生命教育启蒙的场所,却往往忽略了对孩子的生命教育。现在,有相当一部分家长缺乏科学的家庭教育理念和方法,他们把对孩子的爱极大地物质化、金钱化,尽其所能地单向给予,从而使孩子不懂得珍惜敬重与感恩回报,更谈不上关怀他人。

课堂、学校是生命教育的主战场,但教师如何在日常课堂教学中加强生命价值教育还没得到广大教师和教育主管部门的充分重视。学校的教育形式比较单一,主要以传统的说教方式来宣传社会的主流文化,难以激发学生的学习兴趣和内心感悟。

社会环境中不良文化的传播也成为阻碍青少年健康成长的重要因素。现代信息社会的到来,社会文化的广泛传播,也对当前学校实施生命教育提出了新的挑战。一些诸如宣扬凶杀、色情、拜金主义、享乐主义等负面文化的网络游戏、影视作品等因其娱乐性较强而极易被青少年所接受,并通过现代媒体的快速传播极大地放大了其负面效应。

生命教育是一个需要学校、家庭、社会合作的系统工程,如果缺乏家庭和社会对学生生命成长的正面引导,仅靠单一的学校教育机构来完成全部的生命教育任务显然是不切实际的。

(四)青少年生命技能教育严重缺乏实践的训练

生命教育不是单纯的生命知识传授,生命教育课应该是体验性强的课程。要把理论和实践结合才能让学生积极关爱生命,培养学生的生命自觉意识,努力捍卫自己的生命。为此,无论在课堂还是在家庭,教师和家长不仅应提醒青少年"远离危险",教育他们具有"危险意识",还要教给他们一套预防危险、避免危险、危险自救和应激处理危险的方法、技能。最好结合知识的学习,加强他们在火灾、交通等危险避免和预防等方面的技能训练,尤其加强体力方面的训练。

---

① 徐颖.试论学校生命教育的误区及回归[J].教育导刊,2009(2):32.

这样具有体验性的生命教育，符合学生好奇好动爱模仿的特点，不仅把抽象的生命知识与珍惜生命的良好习惯结合起来，而且能促进学生生命情感的满足，使其最终养成关爱生命，实现生命价值的人生信念。

三、山区生命教育内容及特点

（一）生命教育的内容

目前社会对生命教育逐渐重视起来，有各种各样的教材和机构出现，努力推动并引领国内这方面的活动开展。有些学者综合各种活动经验和思考把生命教育内容概括为三个层次（张世琴，2006）：(1)生命意识和生命情感的教育；(2)生存知识与技能教育；(3)发展生命与提升生命价值的教育。

王小棉（2011）撰文提出生命教育的系列内容板块，即感恩生命、养护生命、尊重生命、开发生命和传承生命，共四个板块并归纳出精选的活动内容：

感恩生命。通过了解生命的起源、奥秘及发展，体会到生命的不易，感觉到生命的唯一性、独特性和有限性，从而对自我生命确认、接纳和喜爱，对生命意义肯定与欣赏，对他人乃至整个生命世界怀着生命情感。这个内容可以通过感恩父母、敬畏生命、欣赏生命以及感悟生命来传递。

养护生命。学习有关的科学知识，养成健康的生活方式，形成保护生命、远离危险的意识与能力。这个专题可以分解为养成健康的生活方式，颐养生命；遵循交通规则，掌握躲避灾难的方法，保护生命；远离危险的意识、抵御毒品，珍惜生命。

尊重生命。引导学生掌握有效的交往态度与沟通能力，与不同生命和谐相处，提升个体的生命质量。通过培养与异性相处的态度与技能，以及认识校园暴力的危害，掌握反对校园欺负行为的意识方式，努力引导学生关爱生命。

开发生命。在保护好自己生命的基础上，开发潜能，规划人生，实现个人价值与社会价值的统一。这个专题可以通过认识自己的潜能激发生命；进行生涯教育，帮助学生建立人生目标，规划自己人生的意识，掌握规划生命的技巧；丰富生命，即学习从人生的逆境中感受生命的丰富，形成积极心态，提高抗挫能力。

传承生命。通过了解生命传承的知识，让学生具有健康的性意识、性道德及社会责任与义务，这包括从保护下一代健康的性健康观念及责任的传递生命活动，以及树立基本亲子意识、尊老意识的陪伴生命。

（二）生命教育的特点

有了好的内容必须有科学有效的方法，才能把这些系列的生命教育内容融入学生的内心，使其成为他们建构生命自觉的必要条件。生命教育不是认知教育，也不是情感教育，更不是技能的培养，它是三者合一的整体教育，是触及人心灵的本性教育，因此生命教育是教育回归本性的需要，是一种全面育人的需要，也是一种最根本的教育理念。这种教育不同于一般的传授知识，也不是某个阶段，或顺应某个时代的专门教育，它改变的是整个人的身心。这种教育之所以有实效是因为其包括以下内容。

感动教育。生命教育要切合学生的实际活动和年龄特点,才能有针对性,触及学生的心灵,达到应有的效果。因为人的生命从诞生、发展到死亡会遇到一些共性的问题,如学习、工作、结婚、家庭、健康,以及疾病、衰老和死亡,等等,每一个阶段及遭遇的任何一个问题都是生命问题。我们只有从学生面临的生命问题入手,才能唤醒他们生命自觉的力量,从而积极参与到探索人生的问题中,经过思考获得真知、真情、真感,成为生命自觉的一部分,在自己的生命历程中发挥作用。不切合实际就不能真正感动、震撼心灵,也不会感召孩子的生命情感,唤起孩子对生命的自觉。众所周知,不切合实际,学生就没有亲身经验,也就没有情感体验,这样的生命教育只能沦为苍白无力的说教,极容易流于形式而难以有实效。

体验教育。人常说:眼过千变不如手过一遍。这说明人们对动手操作的活动印象更深。其实质是强调对人的发展而言直接经验远远大于间接经验,因此心理学和教育学都认为亲历是最好的教育,眼见为实就是人们发自内心的箴言。在知识经验中,尤其是如何生存的人生经验,是难于传递的,必须要亲历体验。民间有言:养儿方知父母恩,就是对这个道理的诠释。因为只有体验过,才能内化于人的生命之中,成为人经验乃至智慧的一部分,在心灵深处留下不可磨灭的印象。为此,生命教育不仅要选择触动孩子心灵的事件,还要通过实践活动,引发学生的内心领悟和体验,激发生命情感,转化为生命意识,形成生命自觉。

整体划一。生命自觉体现在人的各种活动中,因此生命教育仅凭专门的课堂教育是不够的,它应该渗透于学校各学科以及各种活动中,教师应善于挖掘所授课程及活动的生命教育内容,将各种理念与生命教育协调一致,形成整体合力的作用,把生命教育的理念与观念深入学生的意识和头脑中。如果没有这一致的观念,则会造成学生生命意识观念间的不一致,引起内心的矛盾与困惑,从而降低生命教育的效果。另外,如果学校或家庭乃至社会没有相应的珍爱生命的氛围,学生的理论学习就不能在实践中获得应有的支持和验证,以有心理上的认同。同时,这些理论的学习很难转化为学生生命的意识,陶冶出生命情感以及上升为生命的自觉。

结合实际。人生的历程不仅是生命发展变化的写照,也是亲身体验,见证生命神奇,理解生命的教材。进行生命教育系列的内容学习固然不错,有助于学生建立正确的生命观,但是如果不和现实生活的生命故事,尤其是不与生命仪式相结合,这不仅会使学生无法产生内心的震撼,而且真正理解并内化生命教育的为生命自觉。更为重要的是,生命教育的最终目标是回归生活,让学生把生命教育的成果落实在自己的生命历程中,去实现自己生命的存在价值。因此,生活中的生命仪式不仅是重要的生命教育资源,也是学生自我生命实践的战场。

四、山区小学语文的生命关怀

根据小学各门学科的特点,涉及生命教育相关内容的学科主要是语文、思想品德等课程。而作为必修课的语文更是承担起了生命教育的重要任务。以人教版小学语文12册教材为例,针对其中与生命教育相关联的课文来解析。这12册现有教材中有丰富的生命教育资源,概括起来有感恩教育、品德教育、挫折教育,等等。

(一)感恩教育

当今大多数家庭都只有一个孩子,六位长辈的宠爱让孩子们养成衣来伸手饭来张口的骄纵模样。在他们眼里长辈的疼爱是理所应当的,不懂得感恩几乎成了"00后"小学生的通病。于是如何让这些娇气的孩子成为懂得感恩的人成了教育的必然任务。《吃水不忘打井人》的故事就是告诉孩子们享受别人的恩惠时不能忘了别人的恩情。从一年级开始,教材就有意识地加入《借生日》这样短小却意深的文章,小云在收到妈妈送的生日礼物后,就将这份礼物送给妈妈,因为妈妈常忘记她自己的生日。感恩父母的美德就可以通过这样一篇小故事传递给学生了。《她是我的朋友》《老师领进门》等课文更是让学生体会到别人的辛劳,用一颗感恩的心去对待老师、对待他人。从家庭、学校中的小感恩慢慢延伸到对更多人甚至社会的感恩之情。

(二)挫折教育

很多在呵护下成长的孩子不能经受一点挫折,一点点失败和坎坷他们就承受不了,以至于走上一条不归路。为了改变这种状况,相应就出现了挫折教育。其目的在于培养孩子内在的自信,[①]使其勇敢面对生活中出现的困难,提高抗挫能力。比如《顶碗少年》中的主人公经历一次又一次的失败却从不放弃,笑一笑又坚持下去,他身处逆境却依旧乐观感染了许多人;《花的勇气》告诉我们无论多渺小,都不要放弃自己,相信一定会有希望,未来一定能实现愿望;《桃花心木》中种树人和"我"的谈话中,让人明白在不适应的环境下若能默默坚持并努力付出,必将有成功的一天。"生活由磨炼和幸福所构成,崇尚真理的人乐于接受磨炼……人生与患难有不解之缘。患难使有勇气的人从中获得智慧和启示。"陶行知先生曾如是说。

(三)品德教育

在这科技高速发展的21世纪,人们的联系越来越便利,可是关系越来越疏离。通过品德教育可以对改变这种趋势起到很大作用,从小学教育阶段来看,涉及品德教育的课文占据很重要的地位。《将心比心》让人明白若希望别人理解和宽容你,那么你先要懂得尊重他人;《剥豆》中"儿子"对比赛的认真和对结果的淡然给父亲很深的启发;《一面五星红旗》展示了关键时刻人民对祖国的忠诚和责任意识。

---

① 袁缘.美国中小学生命教育初探[D].郑州:河南大学,2007:42.

《中彩那天》一文中父亲帮朋友买的彩票中了大奖,父亲本可以为我们这个拮据的家庭自私地独揽奖品,因为那位朋友家境比我们富裕许多,但他再三思虑后仍选择了诚信。这个选择其实很艰难,但是他最终的决定给他的孩子树立了一个以诚待人的好榜样。同样的,学习这篇课文也让小学生更加懂得诚信是为人之本。

(四)死亡教育

主题班会、课本剧、征文之类的校园文化活动可以鼓励学生主动参与、主动感受、主动理解生命教育的内涵。有些内容涉及死亡,可以对学生进行生命意义的教育。在课本剧的排练中,学生编排《晏子使楚》,在排练和表演中,更了解人物形象和文章主旨;再如,排演《十六年前的回忆》使孩子们对李大钊为了国家牺牲个人的伟大事迹有更深层的体会。课本剧是让学生投入角色,带给他们更切身体验的最佳方式。故不妨可以用作生命教育的教学形式之一。《手术台就是阵地》刻画了一个伟大无私的外国友人——白求恩的战地医生形象。有一次,战火逼近了正在做手术的他,他却坚持为病人驻守,手术台就是他的战场,守住他的阵地三天三夜方才休息。这表现出了白求恩大夫对工作认真,对战友关心奉献的崇高精神,反映出他为了别人的生命而不顾个人安危的大爱精神。他对自己从事的事业如此忠诚,反映出责任感是崇高的美德。《临死前的严监生》选自名著《儒林外史》,事实上我们已经远离封建时代,与其让学生跨越千年去感受那个时代的黑暗,不如换个角度让学生从艺术魅力的角度去发现其中的人文光芒。

同时,也可以尝试给学生开几次有关于生命或者安全的主题班会,《珍爱生命 健康成长》《珍爱生命 安全第一》《珍爱生命 消防安全》……通过让学生自己演小品、开辩论赛、播新闻等生动形象的形式,让学生自己明白生命的脆弱与珍贵,相信这定会比教师在 45 分钟的课堂磨破嘴皮讲安全更有效率。

总之,21 世纪以来,社会快速发展。学习、生活、工作各方面竞争激烈,人们普遍受到重压。另外,一直以来生命教育的欠缺,小学生对生命缺少认识,安全意识薄弱,常有校园斗殴、跳楼甚至杀人的事故发生。小学生非正常死亡率攀升,每年都有些触目惊心的新闻是关于小学生死亡的。所以全社会必须马上重视起来,对小学生开展生命教育是非常紧要而必要的,珍爱生命的良好习惯以及生命自觉意识养成至关重要。我们看到在小学生群体中有不少漠视生命的现象存在,那些不堪一击的脆弱生命告诉我们:现在的小学教育对生命的关注还很不够,必须得加强孩子们的生命安全意识。

媒 体 库

一、资源拓展

1.视频赏析
(1)《让生命无憾》——车辆交通事故警示教育片
http://www.iqiyi.com/w_19rv4mj4bh.html

(2)《凤山村的孩子》
http://www.1905.com/vod/play/453479.shtml

2.体验与感悟
参观一次少管所,了解一位少年罪犯的心理历程。
3.讨论
(1)如何对农村学生进行生命教育?
(2)学会感恩,给父母写封信。

二、阅读

结合文献资料及国内生命教育开展水平较高的台湾、上海等地区的实施方案,对农村山区生命教育内容、教育活动形式等提出如下小学生命教育方案①。

1.生命认知教育

表 4.3　生命认知教育内容大纲

年级	生命教育内容	具体内容及选择原因
一至二年级	生命的诞生,即生命从受精卵开始直至离开母体成为独立个体的过程	让学生在自我意识开始形成的时期,对自我充满好奇的时期,通过学生容易接受的方式,将生命诞生的过程以及相关知识进行普及。一方面,能够帮助学生解决该时期的疑惑,引导学生正确探索生命起源,另一方面,学生从小树立起科学的生命认知,能为今后社会人概念的理解铺垫
	人体结构教育:认识人的身体各部分器官;了解它们的特点;体会感觉器官的作用等	在了解生命诞生历程的基础上,进一步了解人的构造,也是树立科学生命认知的一部分
三至六年级	初步了解遗传知识	让学生了解社会是由一代又一代人劳作的结果,逐渐从单纯认知生命向"社会人"理念过渡
	"社会人"概念理解,培养责任感	人总是要投入社会的,学习"社会人"的概念,使学生懂得自己的生命不仅仅是个人的也是属于社会等一系列与自身相关联的人或事,这样有助于培养学生的社会责任感,使学生懂得任何毁灭生命的行为都是一种自私的行为

---

① 郑约丹.小学生生命意识调查研究及对策——以丽水市莲都区为例[D].丽水:丽水学院,2015:36-38.

2.安全教育

表 4.4 安全教育内容大纲

年级	生命教育内容	具体内容及选择原因
一至六年级	上学、放学交通安全	常规安全教育
	饮水、饮食安全	现阶段,水源污染严重,学生在无人监视的情况下,可能存在乱饮水、饮生水的情况,至于学校周边的三无食品、地沟油、假牛肉等,更是学生饮食安全的一大隐患,要加强教育
	课间游戏安全	课间十分钟,发生的意外是教师所无法估计的,其严重程度可大可小,与其对学生事后教育,不如事前就采取一定的预防措施,有备无患
	户外活动安全	校内多指体育课的安全问题,校外多指春秋游活动
	防震、防火、防毒、防踩踏安全教育	此"四防"教育,是让学生学习生存的基本技能,教会学生在遇到实际情况时懂得保护自己的生命,安全逃生
	防骗教育	儿童受拐骗、贩卖的事件频频出现,这给学校以及家长都敲响了警钟,除了家长的监护与教育外,学校也应开展相应的活动,普及防骗知识,求救技巧夏季防溺水、冬季防冻等季节问题教育常规安全教育
	疾病预防	常规安全教育

3.死亡教育

表 4.5 死亡教育内容大纲

年级	生命教育内容	具体内容及选择原因
一至二年级	生命的衰落、结束	继了解生命的诞生过程后,学习生命的周期发展,生物细胞不断生长又不断死亡的过程,体会生老病死是生命的自然现象。比起"逼迫"孩子面对死亡,不如直接告诉他,生老病死是生命的正常现象,无须感到恐惧,这样有利于学生直面死亡冲击
	植物、动物死亡及情绪管理	低年段的学生,能较容易将能动的人或物理解为生命,而不能将一些看似静止的东西看作生命。动植物是学生在日常生活中接触较多的生命体,我们可以先由植物入手,告诉学生,植物也是生命,也有生老病死,继而再以动物作为例子,帮助学生面对动物的生死,引导他们进行自我情绪管理,不偏激、不沮丧

续表

年级	生命教育内容	具体内容及选择原因
三至六年级	如何看待老年人自然死亡	在学会面对动植物的生死问题后,进一步引领学生思考老年人的自然死亡,可以结合生活中看到的、听到的事例谈谈感受,交流心情,避免死亡冲击带来的,如孤独,抑郁等负面情绪
	正视青少年非正常死亡,学习情绪管理	青壮年,甚至是同龄人的非正常死亡,给学生带来的影响是最大的,这时候的他们往往不懂得如何管理自己的情绪,极有可能出现抑郁、自闭等问题。因此,提前对学生进行死亡教育,不但可以使学生学会面对死亡问题,还能给学生敲响警钟,做到珍爱自己生命的同时也能关爱他人的生命

参考文献

[1]汤继承.当前大学生安全教育的问题成因及对策[D].武汉:华中师范大学,2005.

[2]陆士桢,李玲.儿童权益保护:家内性侵害研究综述[J].广东青年干部学院学报,2009,23(78):28-33.

[3]徐向东.关于安全意识的哲学研究[J].中国安全科学学报,2003(7):1-3.

[4]黄斌.小学生安全意识的培养[J].教学与管理,2013(26):19-20.

[5]钟新春.大学生安全意识教育研究[D].黑龙江:齐齐哈尔大学,2013.

[6]廖聿秀.大学生安全意识状况及教育对策研究[D].湖北:华中师范大学,2014.

[7]赵变香.性侵害幼女失范行为研究[D].陕西:太原理工大学,2015.

[8]狄晓先.幼儿家长预防儿童性侵犯教育的调查研究——以栾城县为例[D].河北:河北师范大学,2014.

[9]孔虔.由幼儿遭性侵事件反思当前幼儿性教育缺失[J].现代教育科学:普教研究,2014(10):93-95.

[10]王俊杰.从儿童性侵事件分析我国儿童性教育状况[J].吉林省教育学院学报,2014,30(11):14-15.

[11]邹勇.大学生安全意识教育研究[D].重庆:西南大学,2014.

[12]赵占斌,张利生.浅析职业院校大学生运动安全意识的培养[J].科技资讯,2009(16):195-195.

[13]徐颖.试论学校生命教育的误区及回归[J].教育导刊.2009(2):32.

[14]罗欢欢.小学语文阅读教学中的生命教育策略研究[D].丽水:丽水学院,2015.

[15]吴增强.生命教育的历史追寻及其启示[J].思想理论教育,2005(9):22-26.

[16]盛天和.港台地区中小学生命教育及其启示[J].思想理论教育,2005(9):27.

[17]李韦娴.小学生安全意识现状和对策研究[D].丽水:丽水学院,2016.

[18]黄胜泉,徐德蜀,邱成.企业安全文化简论[M].北京:化学工业出版社,2015:15-23.

[19]龙迪.性之耻,还是伤之痛[M].桂林:广西师范大学出版社,2007:13.

[20]陶行知文集(修订本)[M].南京:江苏教育出版社,1997.

第五章　山区儿童的学习动机

自 2012 年以来,国家每年向教育事业的投入都不低于财政收入的 4%,可以说教育的春天来了。学校的软硬件设施得到了大幅度的提高,义务教育阶段更是免去了学杂费和书本费。但是,大量农村劳动力外出打工造成的亲子分离儿童问题;农村撤点并校增加了学生上学的安全和经济成本问题;师资力量缺乏,年轻教师"下不去,留不住"问题;农村学校学生大量流失问题,如此等等都是摆在农村教育面前的"大山",更阻碍了农村学生学习动力的提升。

第一节　学习动机

需要、兴趣、好奇都与动机密切相关,它们有什么样的区别?在我们的社会活动中,动机可以分为哪些类型?动机可以分为动态系统和静态系统,它们各有什么样的结构?动机与行为效率有什么样的关系?动机越强行为的效率就越高吗?只有全面理解动机的这些内容,才能更好地激发和培养学生的学习动机。

一、动机的含义

(一)动机的含义

在心理学中,动机是指驱动人或动物产生各种行为的原因。动物的行为简单,其行为原因比较容易理解。人的行为复杂,其行为背后的原因不易解释。在心理学家研究心理现象时,直接观察到的是外界施加的刺激和机体(人与动物)作出的反应(行为)。至于包括人在内的机体为什么会出现这样或那样的行为,在心理学回答涉及行为起因的问题时便假设一个中间变量,即动机,以解释行为的起因和动力。在涉及动物行为动机时,常用需要和内驱力来解释,如食物剥夺引起饥饿,这种饥饿刺激作为一种内驱力驱使动物寻找食物;动物吃到食物,饥饿消失,停止寻找食物的行为。心理学家一般认为,动机是由目标或对象引导,激发和维持个体活动的一种内在心理过程或内部动力(Pintrich & Schunk,1996)。

(二)动机的功能

动机对个体的行为具有一定的作用,表现在动机的唤醒、维持和指向功能。

第一，唤醒功能。动机对行为的产生具有启动的功能，唤醒个体对某种行为的较高的意识状态，浑身处于准备状态，随时投入实现某种目标的活动中。唤醒水平的高低，决定个体的决心和克服困难的勇气。

第二，维持功能。动机驱动个体的行为一旦产生，动机唤醒的水平一直存在至动机指向的目标达到之前，这种唤醒状态将维持下去。如，学生在迎接高考或中考时，其唤醒状态保持较高水平，一直要到考试结束后，思想和情绪才会放松。

第三，指向功能。有较强动机的个体与无动机的个体相比，其思想和行为更集中指向满足动机的客体或事物。如，一名球探与一名普通球迷同看一场足球赛，由于球探有特殊动机，其行为指向与普通球迷不同，他将注意力集中在他需要的球员的表现上。

二、动机的相关概念

心理学中有很多其他的术语，其含义与动机一词的概念有很多相似之处，甚至完全相同。这些术语也常常用来说明行为的内在原因。

（一）需要与内驱力

从广义上来讲，需要、内驱力与动机三者含义基本相同，都是用来表达个体行为的内在原因或内在动力。我们经常用这两个词来代替动机。从狭义上来讲，这三者又稍有不同。内驱力多用来表示属于原始性的或生理动机（如饥饿、性等）；而需要有时用来表示形成内驱力的原因（如由于饥饿而产生的内驱力），有时用来表示各种不同的动机（如生理需要、交往需要、成就需要等）。

（二）诱因

诱因是指诱发个体行为的外在原因。诱因可以分为两类：凡是使个体趋向或接近的刺激，并能由接近而获得满足的诱因，就称为正诱因，诸如食物、玩具、金钱、考试分数等；凡是使个体逃离或躲避的刺激，并能由逃避而获得满足的诱因，就称为负诱因，如电击、苦药、罚单等。显然，正负诱因的概念相当于学校教育上经常采用的奖励与惩罚。

（三）兴趣

兴趣在心理学上有两层含义：一是指个体对某人或某事物所表现的选择时注意的内在心理倾向。某事物特别引起个体的注意，即可推知他对此感兴趣。这里兴趣有偏好的意思。有人喜欢美术，就是说他对美术有兴趣。二是泛指动机。我们说某同学因为有求知兴趣而学习，某同学因缺乏求知兴趣而逃学，就是把兴趣与学习动机视为同义。

人们凡是从事与自己兴趣一致的活动便感到轻松和愉快，凡是从事与自己的兴趣不一致的活动就会感到厌烦和劳累。因此，教师和家长都认识到在调动学生的学习动机时，培养学生的学习兴趣的重要性。常言道："兴趣是最好的老师。"在培养学生的兴趣时应注意两点：第一，人的学习兴趣总是与人的能力密不可分。父母和教师只要仔细观察就可发现,凡是儿童感兴趣的活动,儿童总是在这方面表现出某种潜在能力,儿童在某项活动中由于表现较好,得到父母或教师的赞扬,他将对该项活动表现出兴趣,如此良性循环:因能力而导致兴趣,因兴趣而导致满足和能力提高。第二,所谓培养学生的兴趣主要指间接兴趣。年幼儿童不易认识活动结果的价值,包括它们对个人和对社会的价值。因此,间接兴趣的培养是一个逐渐发展的过程。

(四)好奇

好奇是指促使个体对新奇事物去观察、探索和了解的一种原始内在冲动,是人类求知的最原始的内在动力。一般认为好奇是与生俱来的,不需要经过学习。好奇与动机有密切的关系,求知欲往往来自好奇。

三、学习动机概述

传统上教育心理学把学习动机定义为激发与维持学生从事学习活动的原因,但现代教育心理学赋予这一概念更多的含义。正如沃尔福克(A.E.Woolfolk,2001)所说:"学习动机不只是涉及学生要学或想学,还涉及更多含义,包括计划、目标导向、对所要学习与如何学习的任务的反省认知意识、主动寻求新信息、对反馈的清晰知觉、对成就的自豪与满意和不怕失败",并把学习动机定义为"寻求学习活动的意义并努力从这些活动中获得益处的倾向"。

学习动机既可看成一般的人格特征,也可看成暂时的唤醒状态。例如,通过人格测验,发现有些人有较高的成就需要,这种需要能持久推动学生的学习活动。这里的高成就需要既是个体的一种学习动机,也是他的稳定的人格特征。又如,在一节普通的历史课上,教师为了调动学生的学习积极性,先讲一个有关的小故事,学生立即进入高度唤醒状态并准备投入后续学习。这样激起的学习动机是特殊的动机状态。由此可见,教师培养学生的学习动机应从一般人格特征和特殊动机状态两方面考虑。

在心理学中,学生的学习动机一般分为两类:一种是内在动机(intrinsic motivation),也称内源性动机,指由个体内在兴趣、好奇心或成就需要等内部原因引起的动机。例如,有的儿童对阅读文艺作品很感兴趣,一有空就读文艺作品,从中不仅获得知识,而且也获得语言表达技能。由内源性动机激起的学习活动的满足在学习过程本身,而不在学习活动之外的奖赏或分数,可以说是乐在其中。另一种是外在动机(extrinsic motivation),也称外源性动机,指由外在的奖惩或害怕考试不及格等活动之外的原因激起的动机。学生努力学习,其满足不在活动过程本身,而在学习活动之外。

"愉快教育"这一口号强调通过内在动机维持学习。但学生的学习不都像游戏,有的学习可能使人感到愉快,但许多学习是十分艰苦的,如背诵数千个外语单词,要与遗忘做斗争;要使知识转化为熟练的技能等都需要进行大量的重复练习。没有远大的目标,没有适当的外来压力,单靠个人兴趣是不可能获得成功的。

四、山区儿童学习的动机

(一)小学生学习的动机

小学生的学习深受外界环境,尤其是长辈的影响,属自我提高或附属内驱力。对他们而言,近景性学习动机占主要地位,内部学习动机薄弱,缺少正确的归因方法,以及学习动机具有不稳定性。

近景性动机是指与近期目标相联系的一类动机。小学生的思想仍处在启蒙阶段,其思维模式以具体的、形象的思想为主,推动其学习的动力多数来源于对眼前的、具体的事物的期待。在这种近景性学习动机的驱动下,学生的学习效果普遍较好。但近景性学习动机也存在着稳定性较差,容易受到环境及其他因素影响的特点。

小学生的学习受外部动机的影响较大,这直接导致了小学生无法积极主动地投入学习中。更深层次的原因是因为学习的兴趣和积极性不高且知识的积累量少。小学生初步接受正规教育,知识的深度和广度有限,学习内容并不能给小学生带来精神层面的乐趣。因此,一旦在学习中遇到困难或者被其他新鲜事物吸引,他们便会失去学习的主动性。

调查结果显示,小学生在归因的时候,总是把努力和考试心情视为主要因素。在失败的时候,小学生通常会做更多的能力归因,而在进行成功归因时,受中国传统思想中"努力"和"谦虚"的影响,他们会倾向于外部归因。所以,小学生极易在学习生活中采用错误的方法进行成败归因,这种错误的归因会使其产生自卑感,丧失学习的积极性。

小学生的学习动机处在一个变化发展的过程中,其变化趋势是从比较短近的、狭隘的向比较自觉的、远大的方向发展;由具体的、不稳定的向比较抽象的、稳定的方向发展。小学生在学习动机形成的过程中会受到来自家庭、学校和社会等方面的影响。同时,由于小学生自身的认知水平有限,其无法辨认自己的学习需要和目标结构,学习动机很容易因周围环境条件的变化而产生变化,具有明显的不稳定性。

山区小学生目前学习上最大的特点就是成绩差,普遍厌学。其原因来自三方面:地处偏僻,学校不太重视;父母关照少;学习自觉性差。

山区农村的地理位置比较偏僻,经济不如城镇的发达,所以这里的学校无论从师资配备还是学校学习环境都比较落后,表现为学校的教学质量不高。有些家里条件好的,一般都把孩子送到城镇,所以这里的教师也缺乏教学的积极性,流动性较大。这些因素制约了山区教育的质量,极大地影响了山区教育的发展。

农村家庭父母文化水平低,加之经济的原因,他们普遍不太重视教育,对于孩子的学习漠不关心,只任其自由发展。为了增加收入,父母大多都外出打工,照顾子女的责任就放在了爷爷奶奶身上。由于老人的精力有限,他们更多是以照顾好孩子的安全、吃、穿为"重任",很少管孩子的学习,或因他们自身的文化水平偏低和年龄大也管不了。

山区学生自身也没有良好的学习习惯,意志品质薄弱,自我约束能力不强,学习上缺乏主动性,他们书写潦草,计算马虎,上课不爱发言,作业不认真做,家庭作业常常不按时完成,背书还需要教师的监督。

小学生好奇心强、活泼好动,但是山区农村比较缺乏相关的活动和场所,这也极大地影响了农村小学生学习的动机。

（二）山区学生学习动机的特点

随着经济的不断发展,农村进城务工人员的不断增加,造成了农村大量亲子分离儿童的形成。因为父母长期不在身边,"亲子关系""隔代教育"对他们产生的负面影响是不言而喻的。首要的便是农村中小学生的"学习动力不足""'读书无用论'的蔓延"[1],这导致大量农村中小学生的辍学,"有些地区,实际辍学率甚至高达40%"[2]。随着农村大量劳动力的流失,传统农业的没落,农村经济的发展也相对缓慢。经济的落后,导致农村学生对学习已经失去了热情,过早地走上了"工作岗位"。这极大地影响了农村学生的学习动机。刘锐的调查表明农村学生学习动机不容乐观,需要学校和家长重点关注。

1. 农村中学生学习动力整体处于中等略微偏上的水平

学生的学习兴趣与学习责任心处于最高水平,其次是学习毅力、学习自信心与学习好胜心,均达到了平均水平。学习上最不充足的是学习热情,一般属于中等偏下水平。

2. 学生的学习动力受年级、性别影响

低年级学生的学习兴趣、毅力和自信心显著高于八、九年级学生。女生的学习责任心、热情显著高于男生。

3. 家庭环境影响学生的学习动力

父母的职业、文化,家庭氛围,家长对待学习的态度,父母外出打工情况,以及与父母相处的时间均会影响孩子的学习动机。父母是白领或者具有大专以上文化水平的学生,他们的学习兴趣、责任心会显著高于其他学生。同时,家长重视、家庭氛围良好,或者家庭学习环境安静以及有父母长期陪伴在身边的学生,他们的学习兴趣、责任心显著高于其他类型的学生。

4. 学校认同度影响学习动力

学生的学习动力深受学习负担、班级纪律、班级竞争氛围、与老师关系以及与同学关系的影响。严明的班级纪律、相对激烈的班级竞争氛围能够显著提高学生的学习兴趣、学习毅力以及自信心。良好的师生关系、同学关系也能够显著提高学生的学习动力。

---

[1] 赵华翀.社会转型中的农村教育[C]//区位优势与协同创新——京津廊一体化研讨会议(环首都渤海第10次论坛)论文集.廊坊:廊坊市应用经济学会,2015.

[2] 刘锐.农村中小学生学习动力的现状研究——基于安徽M县的调查[D].淮北:淮北师范大学,2018.

第二节 山区儿童学习动机的培养

马斯洛需要层次论认为,学生的学习动机属于满足较高层次的需要,实现这种需要的前提条件是某些低级的需要必须先得到满足。对学生学习动机的激发和培养,首先要营造好学生动机得以产生的教学诱因条件,然后根据学生内源性动机和外源性动机的特点,提出激发与维持动机的策略。

一、学习动机与学习效果

动机强度与工作效率有着密切联系。一方面,动机强度会影响工作效率;另一方面,工作效率的状况也会影响个体动机的强度。

动机有影响学习或工作的作用,动机不足、动机过强都会影响学习或工作效率。研究表明,成就动机强的学生比成就动机弱的学生更能坚持学习,学习成绩也更好。洛厄尔(Lowell E.L.)曾选择两组成就动机强弱不同、其他条件差不多的大学生作为被试,通过实验比较他们的学习效率。实验任务是要求他们将一些打乱了的字母组成单词,如将字母 w、t、s 和 e 组成单词 west。结果表明,成就动机较强的学生在这种学习中取得较好的成绩,进步较快;成就动机弱的学生则没有明显的进步。

学习成绩的好坏也有增强或削弱学习动机的作用。学习成绩好,满足了原有的学习需要,可以增强学习动机;学习成绩差,原有的学习需要得不到满足,则会削弱学习动机。

心理学研究表明,动机强度与工作效率之间的关系不是一种线性关系,而是倒 U 形曲线关系。中等强度的动机最有利于任务的完成,也就是说,动机强度处于中等水平时工作效率最高,一旦动机强度超过了这个水平,对行为反而会产生一定的阻碍作用。如学习动机太强,急于求成,反而容易产生焦虑和紧张,干扰记忆和思维活动的顺利进行,使注意和知觉的范围变得过于狭窄,学习效率降低。在考试时,动机过强的学生,一心想考出好成绩,但临场发挥时处于高度紧张状态,过于担心考不好,结果往往不能充分发挥出真正的水平,甚至会不及格,这便是动机过强反而降低了效率的典型例子。所以说,为了使行为效率提高,就应避免动机过强或过弱,应使其处于最佳水平。当动机处于最佳状态时,在其他因素恒定的情况下,就能最大限度地提高行为效率。

在各种活动中都有一个动机最佳水平的问题。动机的最佳水平往往会因任务性质的不同而不同。在比较容易的任务中,工作效率有随动机的提高而上升的趋势;而在比较困难的任务中,动机最佳水平有逐渐下降的趋势,这种现象是耶克斯和多德森通过动物实验发现的。如图 5.1 所示,随着任务难度的增加,动机最佳水平有逐渐下降的趋势,这种规律性趋势被称为耶克斯—多德森定律。

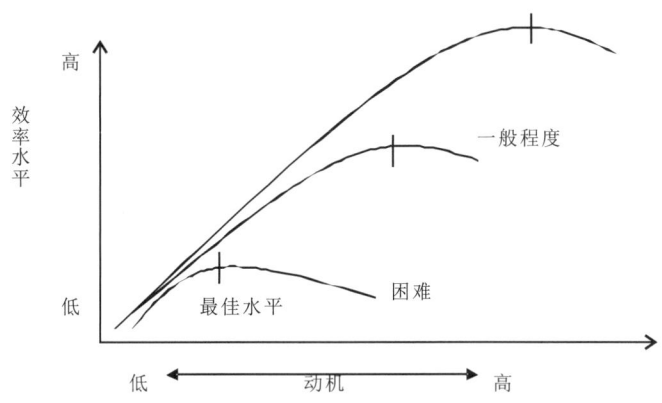

图 5.1　任务难度、动机强度与工作效率之间的关系

另外,动机强度的最佳水平还会因人而异,表现出个别差异。进行同样难度的学习活动,对有些学生来说,动机强度的最佳点比较高,而对另一些学生来说,动机强度的最佳点可能要低一些。

二、激发与维持学习动机的前提条件

小学老师要激发和培养学生的学习动机,一定要创造宽松、愉快、民主的学习气氛,让学生感觉到教师可亲、学识渊博,具有友善、公正的人格魅力,他们喜欢与教师讨论和交流,对知识充满好奇心,认为学习不是一件苦差事。这种环境是动机产生的诱因条件,有助于动机的激发和培养。为此,教师应该努力做到下列几点:

(一)有高尚的人格

只有具备了良好的个人修养、高尚的人格,学生才会敬重你,喜欢你。教学实践表明,学生热爱一位教师,就会"亲其师而信其道"。情感有迁移的功能,学生对教师的情感迁移到学习上,可以产生巨大的学习动机。教师看到的将是学习积极性高涨的学生,教学工作将事半功倍。

(二)用坚定的爱去温暖学生

农村学生因为普遍成绩较差,在大多数人眼里是"差生",所以更加没有自信。高尔基说过:"谁爱孩子,孩子就爱谁,只有爱孩子的人才会教育孩子。"师爱是相互尊重,教师永远不会嫌弃学生,在人格上是对等的。相互尊重能缩短师生间的心灵距离,使师生间自然地生成心灵对话。让学生变得想学、爱学,也就会更加聪明。教师要了解学生成绩差的原因,并从心灵上去接纳他们,用爱的语言、爱的行动去帮助他们,一定会激发出学生学习的积极性。

（三）用精彩的课堂去吸引学生

兴趣是最好的老师。学生只有在对学习充满兴趣的基础上，才会有一种强烈的求知欲，才会通过积极的学习态度去发现、探讨、解决学习上的问题。要调动学生学习的兴趣，就需要努力创造一个让学生感兴趣的精彩课堂。

采取寓教于乐的教学方式，激发学生的兴趣。比如运用直观形象的教具实物，调动学生学习的积极性。小学生的直观形象思维占主导地位，他们对形象、生动、色彩鲜艳的图片和实物非常感兴趣，而实物的效果要大于图片。所以，我们可以利用农村特有的地域优势，巧妙地运用周围的环境进行教育，这样将会收到事半功倍的效果。

（四）及时恰当地表扬学生的进步，保持学生学习的积极性

作为一名教师，通过教学环节中的动作、语言、表情、姿态乃至眼神把爱传递给学生，使学生体验到亲切、温馨、幸福的情感，会使学生产生积极的学习情绪和良好的心境。学生只要体验到一次成功的欢乐和胜利的欣慰，便会激起进一步求知的力量。教师要多表扬和鼓励，尤其对于一些成绩不太理想的学生，要多肯定他们做得好的地方，及时发现他们的闪光点，增强他们的信心。即使是一点一滴的进步，也会使小学生感到愉快，是他们愿意继续学习的一种动力。

（五）提高自己的教学专业水平

教师要有教育智慧，应善于管理课堂，维持课堂纪律，能使正常的教学活动不受到纪律不良的学生的干扰。布置给学生的学习任务必须是学生既能胜任但又有一定难度的，太易和太难的任务都不能调动学生的学习积极性。学习任务必须是真实的，也就是说，对学生有一定实际意义。教师必须与学生建立正常的师生关系，教师应有耐心、公正、友善，使学生感受到爱，具有归属感。

三、激发与维持内源性动机的策略

山区学生的内源性动机源于兴趣、好奇心、求成的需要等，所以激活与维持学生内源性动机的根本策略是教师长期坚持培养学生求知、求成的需要，通过成功的学习经验增强他们学习的自信心和自我效能感以促进学生个性品质的发展。山区学生的良好个性品质的养成既是教育的手段，也是教育的最终目的。

（一）培养学生学习兴趣和求知欲的策略

1.创设问题情境，激发学生求知欲

创设问题情境就是在讲授内容和学生求知心理之间制造一种"不协调"，将学生引入一种与问题有关的情境中。创设问题情境时应注意问题要小而具体、新颖有趣、有适当的难度、有启发性，要善于将需要解决的课题寓于学生实际掌握的知识基础之中，造成心理上的悬念。

2.丰富材料呈现方法

通过图画、幻灯片、录像、报告会、实验演示、野外考察等多种方式来培养学生对学

习材料的浓厚兴趣。教师也可以通过让学生参与学习活动来达到以上的目的。

3.利用学习动机的迁移

在学生没有明确的学习目的,缺乏学习动力的时候,教师可利用学习动机的迁移,因势利导地把学生已有的对其他活动的兴趣转移到学习上来。利用动机迁移原理时,教师必须让学生感受到,充分理解原有活动必须学习好即将要学习的知识,从而激发学生学习新知识的动机。

必须注意,这些做法主要适用于年龄较小的山区小学生,随着年龄增长和年级升高,学生发展了间接兴趣。间接兴趣是由学生认识到学习结果的工具性价值决定的,所以山区教师应着重引导高年级学生认识到,习得的知识技能在未来的学习和工作中的价值,从而发展他们的间接兴趣,也间接促进学生认知的发展。

(二)通过归因训练或归因指导,提高学生的自信心和自我效能感

要提高学生的自信心和自我效能感,就必须改变学生不正确的归因。研究表明,通过归因训练,学生的不正确归因是可以改变的。心理学家已在归因研究的基础上设计了一些专门程序,对成绩不良且自甘失败的儿童进行训练。基本做法是:教师进行内部归因示范,对学生在内部归因方面的认识予以系统强化,使学生逐步认识到,成绩不良是因为自己缺乏努力,进而增强学习信心。一个训练程序一般持续一个月,先在某一学科上取得进步,然后促进训练效果迁移到其他学科。福斯特林于1985年回顾了15个有关研究,他的结论是:"只要给普通教师提供一些训练或自学的机会,他们便能改变自己学生的归因模式和成就动机。"教师的一言一行都会影响学生的归因模式的发展和变化。

教师还可以采用如下策略提高学生的自信心和自我效能感:

(1)让学生根据自己的实际水平开始某项新的学习任务;

(2)为学生设置明确、具体和可以达到的目标;

(3)强调学生自己前后比较,避免学生之间的横向比较;

(4)为学生提供解决问题的示范。

(三)培养学生对成就的需要和成就感

据马斯洛需要层次论,实现自我价值和力求成功是每一个人都具有的高级需要,但必须以爱和自尊等较低级需要的满足为前提。培养学生求成需要和成就感主要是针对那些学习成绩不好、被人看不起、有些自暴自弃的学生,所以激励成就感较差、有些自暴自弃的学生的内源性动机的前提是教师(包括家人和同伴)应改变对他们的不良态度,给予他们更多的关爱和尊重。成绩差的学生身上也有闪光点,如文化知识学习得不好的学生可能有很强的动手能力,或者在体育方面有很好的表现。教师可以先找出这些闪光点并加以发扬,从而激发与培养他们的成就感。

四、激发与维持学生外源性动机的策略

(一)及时提供反馈信息

了解自己活动的进展情况本身就是一种巨大的推动力量,会激发学生进一步学习的愿望。教师及时提供反馈信息能帮助学生及时发现、纠正错误,调整学习的进度,使用合适的学习策略来完成学业任务。如果学生在学习了很长时间之后,仍不知道其进展情况和取得的成就水平,就很难继续保持巨大的学习热情。罗斯(D.Ross)等做过一个很有说服力的实验。他们把一个班级的学生分成三组,对每组给予不同的反馈。对第一组,学习后每天告诉其学习结果;对第二组,每周告诉其学习结果;对第三组,则不告诉其学习结果,如此进行8周后,改换条件。三个组16周的学习成绩如图5.2所示。

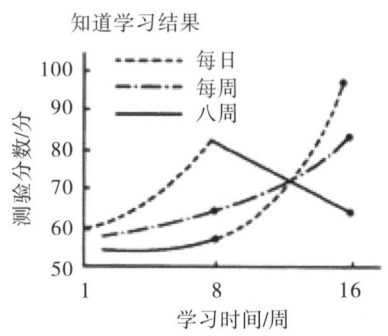

图5.2 不同反馈的动机作用

实验结果表明:在第8周后,除第二组显示出稳步的前进以外,第一组与第三组情况则变化很大,即第一组成绩逐步下降,而第三组成绩迅速上升。由此可见,反馈在学习上的效果是很明显的,尤其是每天及时反馈,较之每周反馈效果更佳。如果学生收不到反馈,不知道自己的学习结果,则缺乏学习的激励,很少进步。所以,教师应尽可能让学生及时、准确、具体地了解自己学业的进展情况及取得的成就,对学生完成的作业(练习、试卷等)的批改切忌拖延,也不能过于笼统,只给"对错",尤其是对错误的批改分析,越具体,越有针对性,效果越好。

(二)适当使用表扬和批评

尽管在一定的情形中,适度的批评和惩罚对促进学习是有效的,但一般来说,表扬、鼓励、奖励要比批评、指责、惩罚更能有效地激发学习动机。赫洛克(E.B.Hurlock)曾把100名四、五年级的学生分成四个等组,在四种诱因不同的情况下进行加法练习,每天15分钟,共进行5天。第一组为受表扬组,每次练习后给予表扬和鼓励;第二组为受训斥组,每次练习后,严加训斥;第三组为观察组,每次练习后,既不给予表扬,也不给予批评,完全不注意他们,只让其静听其他两组受表扬和受批评;第四组为控制组,让他们与

另外三组儿童隔离,单独练习,不予任何评价。最后测量他们的成绩,结果如图5.3所示。

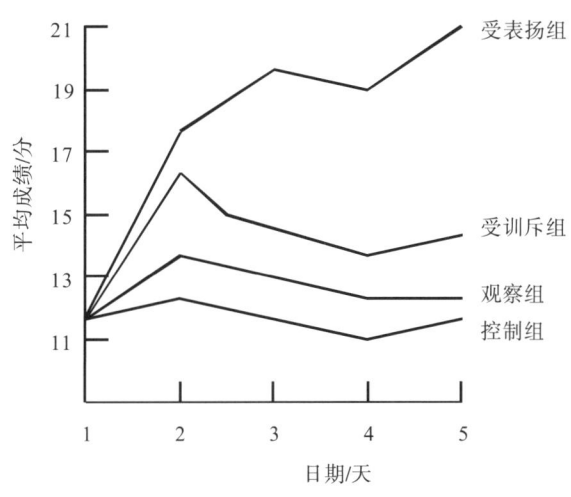

图 5.3 奖励与惩罚对学习结果的影响

就学习的平均成绩来看,三个实验组的成绩均优于控制组,受表扬组和受训斥组的成绩又明显优于观察组,而受表扬组的成绩不断上升。这表明对学习结果进行评价,能强化学习动机,对学习起促进作用。适当表扬的效果明显优于批评,而批评的效果比没有批评好。

虽然很难做到,但所有学生的所有进步都应当受到肯定、表扬和鼓励,使之体验成功,产生能力有效感。只奖励少数学生的课堂是不能激发大多数学生的,尤其是低成就和力求避免失败的学生,对他们来说,教师这种对表扬和奖励的"吝啬"和"偏向"只有负作用(特别是对集体性的和有风险的活动)。假如一个人的学习从来不受到老师的肯定、关注、表扬,尤其对未成年人来说,失去学习的动力就不奇怪了。但是,这并不意味着表扬和奖励可以滥用。对学生进步的认可,除了要有普遍性之外,还要有针对性。任何的批评和表扬都应让学生感到是有理有据的,是对其努力和能力的肯定,过火与不及都有损动机作用。试想,当一个学生按任务要求作出难度较大的数学题时,教师却对作业的整洁大加赞扬会产生什么效果?而学生认为自己不费吹灰之力就完成一件作业,或作业做得很不怎么样的时候,教师却把他大大表扬一通,正如我们在第二节中所讲的,这时学生很可能作出这样的归因:这么糟的东西,他竟然表扬我,一定以为我是个笨蛋。所以,勃洛菲(J.E.Brophy,1981)提出,表扬一定要针对真正的进步与成就,而且是在有客观的证据直接表明进步与成就出现时给予,要向学生说明理由,使之归因于努力和能力。他同时还建议,表扬应私下进行,这一点似乎值得商榷,因为评价进行的方式应当考虑到学生的年龄、人格特征及情境因素等,不能一概而论。

(三)外部奖励的使用要适当

学生不可能在任何时候对任何学习内容都有兴趣,在这种时候适当使用外部奖励可以激发其学习动机。但是外部动机作用不会使学习活动指向掌握目标,学生不会在学习中采取积极的学习策略,难以产生成功感,无益于培养能力信念。而且外部奖励使用不当比表扬的滥用危害更大,不仅会使学生产生消极归因,更有可能损害原来已经有了的宝贵的内源性动机。莱珀(M.R.Lepper,1989)称之为外部奖励的隐蔽性代价,即对原来有内在兴趣的活动因不适当外在奖励而损害对活动本身的兴趣。所以,奖励并非越多越好,尤其是外部的物质性奖励应当慎用。山区教师应首先了解学生原有的学习兴趣,然后再考虑外部奖励是否必要,恰当地选择奖励类型进行有效的奖励。

(四)改革学校和课堂奖励结构

新近的学习动机研究表明,传统学校和课堂奖励结构以成就定向,追求升学率和考试成绩,注重学生之间的横向比较。这些做法奖励的是学生的成绩而不是学生对知识的真正掌握,不利于调动学生学习的积极性。普莱斯利等说:"每当我们与教育家谈论重新建构课堂结构,使之提高学习动机时,总有一个可怕的幽灵——成绩报答单撞进来。只要学生取得了进步,人人可以获得 A 等的理想恰好不适合美国学校的评价制度。"①因此,心理学家呼吁重新建构学校和课堂的奖励结构,使之从成绩定向转向掌握定向。按掌握定向的奖励结构,应保证每一个学生学有所得,只要他取得进步,都有权得到好的分数和评价。

总之,山区学生动机的激发和培养不是一招一式就能解决的,它需要广大山区教师有强烈的耐心、爱心,了解学生的内心需要,积极采用心理学关于动机激发的研究成果,结合自身学科的特点,进行精心的设计和安排,真正促进学生学习动机的提高;还要不断地创新,把学习的动机转移到、内化到学生自我价值的追求和实现上,使之成为他积极美好人生的一部分。

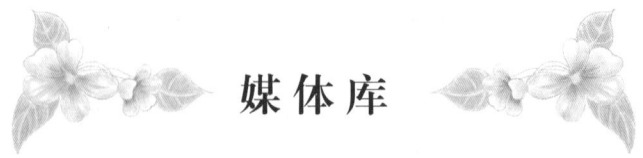

媒体库

一、资源拓展

1.视频赏析

《背起爸爸上学》

---

① PRESSLEY M,MCCORMICK C.Advanced Educational Psychology[M].Berlin:Springer,1995:139.

https://v.qq.com/x/cover/44jspo42o700fac/t00155rjt67.html？ptag=iqiyi

2.体验与感悟

(1)访问一位优秀的山区教师,了解一下他成功的原因。

(2)参观一所山区小学,做一个学生学习动机的调查。

3.讨论

(1)如何提高山区学生的学习动机?

(2)如何激发山区孩子学习的内部动机?

二、阅读

张海迪学习的故事

1970年4月,张海迪跟着父母到莘县十八里铺尚楼村开始农村生活。起初,张海迪感觉农村非常陌生,没有电灯和自来水,生活也十分艰苦。但是,在那些淳朴的村民身上,张海迪很快感到了更真、更朴素的爱。她发现小学没有音乐教师,就主动到学校教唱歌。课余还帮助学生组织自学小组,给学生理发、钉扣子、补衣服。

当看到当地群众因缺医少药而经受了不少痛苦,张海迪便萌生了学习医术解除群众病痛的念头。她用自己的零用钱买来了医学书籍、体温表、听诊器、人体模型和药物,努力研读了《针灸学》《人体解剖学》《内科学》《实用儿科学》等书。为了熟悉针灸穴位,她在自己身上画上了红红蓝蓝的点儿,在自己的身上练针体会针感。"书上写着怎么样进针,可以在白菜疙瘩上、在萝卜上试验。在白菜疙瘩上进了几天以后,就在自己身上(进针),我觉得医生就是要这样,首先要自己感觉。"

功夫不负有心人,她终于掌握了一定的医术,能够治疗一些常见病和多发病,在十几年中,为群众治病1万多次。

当年,张海迪作为一名待业青年,也曾有过自卑感。由于多次找工作失败,甚至想到过自杀。有一天,趁父母不在家,她吃了安眠药,在静静地躺在那儿等待离开这个世界的时候,张海迪忽然想到了尚楼村的乡亲们,真舍不得离开他们;又想到了保尔在海淀公园自杀的情景,他也绝望过,但最终还是战胜了懦弱和病残,成了生活的强者。想到这些,她拼命地喊:"快来人啊,救救我,救活我吧!"

经过五六天的抢救,张海迪终于苏醒过来。看到身边的亲人朋友、医生护士,她惭愧极了,对大家说:"我错了,从今以后我要勇敢地生活下去。死,也要在大笑中死去。"

后来,她随父母迁到县城居住,一度没有工作。她从保尔·柯察金和吴运铎的事迹中受到鼓舞,从高玉宝写书的经历中得到启示,决定走文学创作的路子,用自己的笔去塑造美好的形象,去启迪人们的心灵。她读了许多中外名著,写日记、读小说、背诗歌、抄录华章警句,还在读书写作之余练素描、学写生、临摹名画、学识简谱和五线谱,并能用手风琴、琵琶、吉他等乐器弹奏歌曲。

认准了目标,不管面前横隔着多少艰难险阻,都要跨越过去,到达成功的彼岸,这便是张海迪的性格。有一次,一位老同志拿来一瓶进口药,请她帮助翻译文字说明,看着这位同志失望地走了,张海迪便决心学习英语,掌握更多的知识。从此,她的墙上、桌上、灯上、镜子上,乃至手上、胳膊上都写上了英语单词,还给自己规定每天晚上不记10个单词就不睡觉。家里来了客人,只要会点英语的,都成了她的老师。经过七八个年头的努力,她不仅能够阅读英文版的报刊和文学作品,还翻译了英国长篇小说《海边诊所》,当她把这部书的译稿交给某出版社的总编辑时,这位年过半百的老同志感动得流下了热泪,并热情地为该书写了序言——《路,在一个瘫痪姑娘的脚下延伸》。

在残酷的命运挑战面前,张海迪没有沮丧和沉沦,她以顽强的毅力和恒心与疾病做斗争,经受了严峻的考验。她虽然没有机会走进校门,却发愤学习,学完了小学、中学全部课程,自学了大学英语、日语、德语和世界语,还当过无线电修理工。后来还攻读了大学本科和硕士研究生的课程。

1981年,张海迪获莘县广播局先进工作者称号,这年12月《人民日报》首次报道了张海迪的事迹;1982年,张海迪获聊城地区"模范共青团员"和"三八红旗手"称号⋯⋯

参考文献

[1]王振宏,刘萍.学习动机的自我理论与研究[J].山东师范大学学报(人文社会科学版),2002(2):89-93.

[2]刘明娟,尚海雁.关于学习动机的研究综述[J].山西大同大学学报(社会科学版),2009(1):87-89.

[3]张宏如,沈烈敏.学习动机、元认知对学业成就的影响[J].心理科学,2005,28(1):114-116.

[4]王振宏,刘萍.动机因素、学习策略、智力水平对学生学业成就的影响[J].心理学报,2002(1):65-69.

[5]范春林,张大均.学习动机研究的特点、问题及走向[J].教育研究,2007(7):

71-77.

[6]王学红.论学生学习动机及其激发与培养策略[J].中国成人教育,2007(2):138-139.

[7]石学云.学习障碍学生社会支持、学习动机与学业成绩的关系研究[J].中国特殊教育,2005(9):55-59.

[8]石绍华,等.中学生学习动机及其影响因素研究[J].教育研究,2002(1):65-70.

[9]张兴于.不同文化背景中大学生成就动机取向特点的研究[J].心理科学,1998(21):470-471.

[10]贾建梅.如何提高农村小学生的学习积极性[J].学周刊,2017(6):188-189.

[11]罗佳丽,刘敏.如何激发小学生的学习动机[J].西部素质教育,2018(8):237.

[12]刘锐.农村中小学生学习动力的现状研究——基于安徽M县的调查[D].淮北:淮北师范大学,2018.

[13]苏慧慧.不同阶段学生英语学习动机与策略的差异[J],现代教育科学,2009(5):47-49.

[14]乐国安.社会改革与社会心理[M].兰州:兰州大学出版社,2000.

[15]皮连生.教育社会心理学[M].上海:上海教育出版社,2004.

[16]陈琦,刘儒德.当代教育社会心理学[M].北京:北京师范大学出版社,2007.

[17]刘永芳.归因理论及其应用[M].济南:山东人民出版社,1998.

[18]彭聃龄.普通心理学[M].北京:北京师范大学出版社,2004.

[19]张德秀.教育心理学研究[M].北京:教育科学出版社,1981.

第六章　山区儿童的价值观

价值观是关于价值的系统化、理论化的观念体系，是价值意识的核心，也是处理价值问题时所持的基本立场、观点、态度，具有普遍性和高度抽象概括性。价值观是人生活的意义，对个体的行为起制约作用。价值观的教育也是山区学校教育的重要目标。价值观的形成有其规律性，它是非理性价值意识和一般的理性价值认识等内在因素以及社会主流意识形态、教育和传统文化等外在条件相互作用并遵循一定的机制而形成的。

第一节　价值观

价值观是社会文化体系的核心，在社会生活和主体实践活动中形成的价值观具有相对独立性和能动的反作用。作为世界观的重要内容的价值观，是人的自我意识的核心，构建着个人的精神家园，回答着人生的价值和意义，规范、引导着人的全部生活和实践活动。

一、价值观

价值观是关于价值的观念。从词的构成上看，主要包括价值和观念两部分。有研究者（李德顺，1987）认为，价值的最初含义与古代梵文和拉丁文中的"掩盖、保护、加固"这些词义有很深的渊源关系，然后派生出"尊敬、敬仰、喜爱"等词义并最终形成现在的含义，即"起掩护和保护作用的，可珍视的、可尊重的、可重视的"；而观念是指人们对于客观事物的总的看法和理解。一般意义上讲，价值观就是关于客观事物是否值得"保护""珍视""尊重""重视"的看法和理解。

如果把 20 世纪 20 年代德国人格心理学家斯普兰格（E.Spranger，1928）的重要著作《人的类型》(Type of Men)的出版作为心理学价值观研究最早的标志的话，从这时起，心理学研究者就从不同角度提出了自己对价值观的理解，几乎涉及欲求、需要、兴趣、偏好、动机、态度、信仰等个体所有的个性倾向性层面。

事实上，在价值观研究的历程中，有些定义得到了更多心理学研究者的认同和采纳，这些定义对心理学领域价值观研究的系统化乃至价值观理论的构建和形成都起到了十分重要的作用。

克拉克洪(Clyde Kluckhohn,1951)认为:"价值观是一种外显或内隐的,有关什么是'值得的(the desirable)'的看法,它是个人或群体的特征,它影响人们可能会选择什么行为方式、手段和结果来过日子。"罗克奇(Milton Rokeach,1973)认为"价值观是一种持久的信念,是一种具体的行为方式或存在的终极状态,对个人或社会而言,比与之相反的行为方式或存在的终极状态更可取"。施瓦茨(Shalom H.Schwartz,1987)认为"价值观是合乎需要的超越情境的目标,它们在重要性上不同,在一个人的生活中或其他社会存在中起着指导原则的作用"。

黄希庭(1994)认为,价值观是人区分好坏、美丑、益损、正确与错误、符合与违背自己意愿等的观念系统,它通常是充满情感的,并为人的正当行为提供充分的理由。

杨国枢(1993)认为价值观是人们对特定行为、事物、状态或目标的一种持久性偏好,此种偏好在性质上是一套兼含认知、情感、意向三种成分的信念。价值不是指人的行为或事物本身,而是指用以判断行为好坏或对错的标准,或据以选择事物的指涉架构(frame of reference)。数项价值信念构成的价值体系便可称为价值观。

许燕(1998)和金盛华(1996)则把价值观看作是一种评定标准和尺度。许燕认为价值观是指人们对客观事物、现象及对自己行为结果的意义、作用、效果和重要性的评定标准或尺度,是推动并指引人们决策和采取行动的核心要素。金盛华明确指出价值观是人们按照自己所理解的重要性,对事物进行评价与抉择的标准。它是比态度更广泛、更抽象的内在倾向。

对比国内外心理学者给价值观所下定义,我们发现国内的价值观定义比较偏重描述性,比较侧重内容的揭示,而国外的价值观定义则侧重本质和机制的探讨。

二、价值观的特点与结构

(一)价值观的特点

就西方研究者的观点来看,价值观的特性主要表现在以下几个方面:首先是价值观的超越情境的特点,或者是高度概括性和抽象性特点(Rokeach,1973;Schwartz,1987);其次是价值观的行为导向性,这种特性被众多心理学研究者(Kluckhohn,1951;Gabriel,1963;Rokeach,1973;Schwartz,1987)所肯定;最后是价值观的层次性(Rokeach,1973)。罗克奇认为价值观是有层次地组织起来的,这个层次有时候表现为先后顺序的不同。

我国心理学研究者就价值观的特点也提出了自己的见解。有研究者(黄希庭、张进辅等,1994)认为价值观的特征主要有意识的倾向性、评价的主观性、行为的选择性、观念的一致性、社会历史性。许燕(1998)则认为价值观的特征主要表现为结构的多元性、稳定性和可变性,功能的双重性(对行为的导向、对内心世界的反映),主体间的差异性(因人而异,因群体而异)。

(二)价值观的结构

一般认为价值观结构的研究可以从价值观元分析、内容分析和维度上分析[①],其中维度结构的形成虽有对生活实践的分析和观察,但更多来自逻辑的分析,待结构形成后再去做进一步的检验。

这方面形成了一些代表性的观点:罗克奇(1967)把人类价值观的结构分为两个维度,即生活目标(终极性价值)和行为方式(工具性价值);洛尔等人(1973)提出了三个维度的价值观结构,即个人目标、社会目标、个人和社会所偏好的行为方式;日本研究者从个体—社会,现在—未来两个维度对价值观进行描述;一些学者在研究人的价值观或跨文化价值观研究中也提出了自己关于价值观结构的观点。比如费孝通(1947)的差序格局;许良光的情境中心、个人中心、超自然中心;杨国枢(1992)的个我取向(individual orientation)和社会取向(social orientation);杨中芳(1991)的自己人和外人分界等。另外,杨中芳还将价值观的结构分为世界观(对人及其与宇宙、自然、超自然等关系的构想,对社会及其成员关系的构想)、社会观(从文化所属的具体社会中,为了维系它的存在而必须具有的价值理念)、个人观(成员个人所必须具有的价值理念);杨宜音(1998)认为价值观的结构应该从两个维度来考察,即终极性—工具性维度、社会性—个体性维度,并认为价值观有三个分析层面:个体价值观、社会价值观、文化价值观。

一般而言,维度划分要较内容划分有更高的抽象性和概括性,但随着研究的深入,势必要从维度延伸到内容。辛志勇(2003)就尝试着从维度和内容上对当代大学生的价值观进行划分,他通过研究得出大学生价值观整体结构如下:价值观由目标价值观、手段价值观和规则价值观三个大的维度构成,其中目标价值观又可分为个人性目标(金钱物质取向、工作成就取向、荣誉地位取向、自身修为取向)、社会性目标(婚姻家庭取向、友谊爱情取向和合格公民取向)和超然性目标(回归自然取向、贡献国家取向和人类福祉取向);手段价值观分为知识努力取向、智慧机遇取向和人格品质取向;规则价值观分为法律规范取向、舆论从众取向和道德良心取向[②]。

三、价值观的功能与作用

作为社会意识本质内容的价值观,是社会的自我理解和自我把握,统摄着社会的存在和发展,从根本上制约、规范着社会的发展方向和道路,直接而深刻地影响着社会的凝聚力和创造力。

价值观的功能具体表现为:

第一,导向功能。价值观作为一种价值理想、信念和信仰,是价值关系、价值存在的应然状态的展示和期盼,表现为对现实存在的批判性否定和超越,从而在主体的活动中具有引导和定向作用。

---

① 辛志勇.大学生的价值观概念与价值观结构[J].高等教育研究,2006(2):91.
② 辛志勇.大学生的价值观概念与价值观结构[J].高等教育研究,2006(2):91.

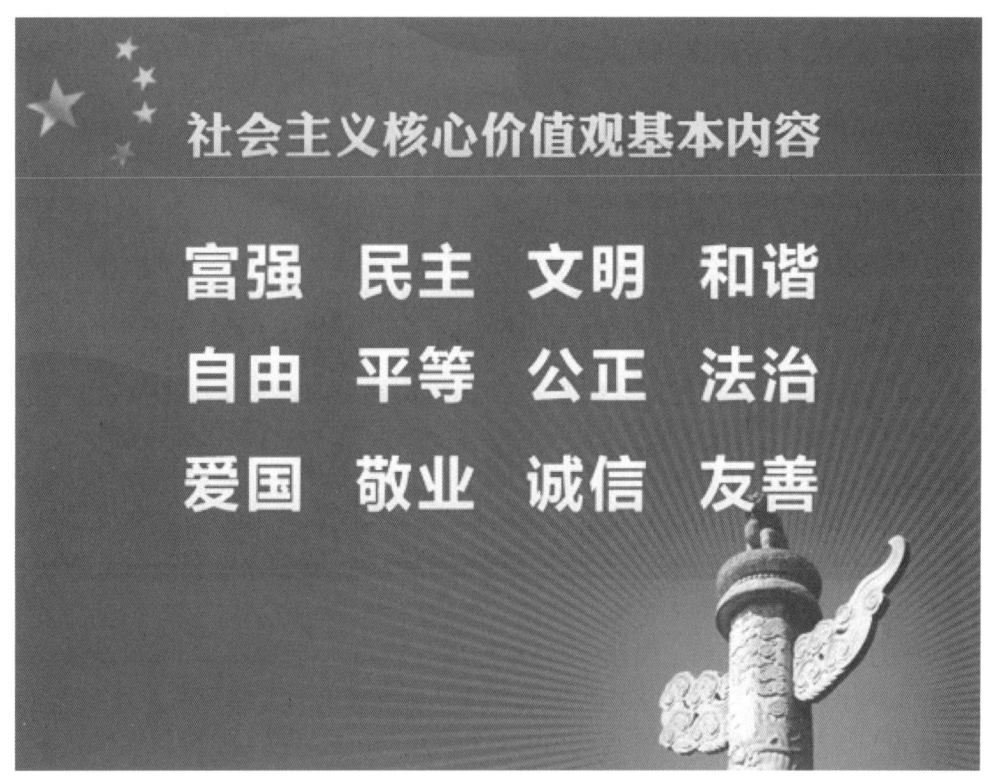

图 6.1 社会主义核心价值观

第二,规范功能。价值观作为一种价值规范、价值标准,规定和约束着主体的行为和活动,协调着人们之间的关系,使社会保持一定的秩序。人们在有序的社会中生活,就需要 定的自我约束和社会约束。价值观构成个体的心理定式,个体在现实生活中以它为尺度去确定事物的好坏,确定行为的正当与不正当,内在地规范、约束和调节自己的行为和活动方式。

第三,凝聚功能。价值观作为人的社会认同的核心内容,是社会、群体或组织等共同体的黏合剂。人是社会存在物,社会共同体是人类存在和活动的基本形式。社会共同体的建立、维系和作用,依赖于共同体成员价值观的相容和一致。

第四,激励功能。价值观作为理性、情感和意志的统一体,不仅在理智方面给人以引导,而且能够激发主体的情感和意志,是人们活动的精神动力。价值观从根本上反映并同时强化着主体的需要和利益,表现为主体的价值目标和价值追求,以及主体为满足一定的需要和实现一定的价值目标所产生的期望。这种追求和期望能够引发主体的活动动机和激情,激发主体的各种潜在能力,驱动主体发起实践和认识活动。

价值观无论是对个人还是对社会都具有极其重要的意义。正因为价值观具有如此重要的社会功能,因此在社会生活中,人们必然要重视价值观的选择,社会也必然要注重主导价值观的建设。

四、价值观形成的影响因素

(一)价值观形成的外在因素

对个体价值观产生影响的外在因素主要包括生产方式、社会文化以及学校教育和家庭等。

1.生产方式和生活方式——社会生活对价值观的影响

有研究者(兰久富,1999)认为社会生活是价值观的主要来源。任何价值观念都是从社会生活中产生的,任何价值观念的根据都在社会生活中;价值观念在社会生活中获得合理性,又在社会生活的变迁中丧失合理性;价值观念的冲突来源于社会生活的冲突,价值观念的变迁始于生活的变迁。

研究者进一步认为价值观受整个社会的因素影响,笼统说包括政治、经济、文化等各个方面,而具体来讲,生产方式是价值观形成的最终根据,生活方式是价值观形成的最显著力量,文化传统则是价值观形成的最直接的源泉。罗纳德·英格尔哈特(2000)也认为是多个社会变迁导致人们价值观念的转变,并认为"前现代""现代"和"后现代"人们分别有不同的价值取向。斯托泽尔(1983)强调了个体的职业、工作和劳动对价值观的影响。陈宴清(2001)强调社会发展模式或社会发展的目标模式对价值观的影响。郭星华(2000)强调社会转型是价值观变迁的重要原因。杨宜音(1998)则重视传统人际关系演变对价值观的影响。

2.文化对价值观的影响

文化影响着人们思想观念的形成,尤其是具有社会意识形态与上层建筑倾向的文化,文化对价值观的影响具有广泛性。杨国枢(1993)提出了"文化生态互动论"的观点,认为生态环境、经济社会形态、社会生活方式与个体的心理发展相互作用。杨中芳(1992)认为研究中国人的心理和行为应以"历史、文化、社会环境体系"的构架为出发点。有人(兰久富,1999)则具体强调了"社会风尚"对个体或群体价值观的重要作用。楼静波等(1993)强调外来文化对中国青年价值观的重要影响。章志光等(1993)更加重视社会规范的作用。陈宴清(2001)重视本民族文化和异质文化的关系对价值观的影响。杨宜音(1998)重视西方价值观念侵入的影响。

3.学校教育和家庭的影响

孩子一出生就受家庭价值观的影响,此后进入学校系统接受学校奉行的教育目标倡导的价值观的教育。有人(兰久富,1999;杨德广等,1997)认为教育水平是影响个体价值观状况的重要因素之一。章志光等(1993)强调了教育方式,包括价值观教育、榜样学习、角色扮演、集体讨论、师生互动、奖励结构等对个体价值观的影响。余华、黄希庭(2000)也在研究中考察了受教育程度这个变量。杨宜音(1998)在研究中也特别提到了文化教育程度对价值观的作用。许燕(1999)则谈到了不同学科、不同专业对北京大学生价值观的影响。斯托泽尔(1983)谈到婚姻是否美满、性关系是否和谐、子女问题、出生家庭背景等对价值观的影响。杨德广(1997)和章志光等(1993)重视父母特征对价值观教育的重要影响。寇彧(2001)则提出了家庭影响源的问题,另外还具体谈到家庭因素尤其是父母的教养方式对大学生价值观的影响。

此外,同辈群体的影响也不容忽视。杨德广等(1997)强调了同辈群体对个体价值观的影响。许燕(1999)重视不同群体(主要是亚群体)对北京大学生价值观的影响。帕特里夏·科恩,雅各布·科恩(1996)认为同辈群体对青少年的价值观形成有着重要的意义。章志光等(1993)则强调了个体在群体中的地位对其价值观形成的影响。

(二)价值观形成的内在因素

1.需要

需要是人身心由于缺乏而产生的急欲满足的欠缺状态。满足它有助于维持身心的完满,这就是需要具有的"保护"和"珍贵"价值。马斯洛(A.H.Maslow)把价值观和需要联系起来,甚至是等同起来,认为人类两种不同层次的需要(生理需要和高级的心理需要)同时也代表着人类两种不同层次的价值取向。黄希庭等(1994)认为,就个体价值观的形成而言,它是以个体的需要为基础的,没有个体的需要,就无所谓价值的问题,因而也就没有价值观的问题。需要是价值观得以形成的必要前提。有研究者(兰久富,1999)认为需要的目标就是价值观念所理解的价值,需要的方向就是价值观念所指出的方向。袁贵仁(1991)则认为价值观念的形成有两个直接的前提条件,一个是需要,一个是自我意识。

2.兴趣

兴趣能带来个体情绪的愉悦,满足内心的需要,所以兴趣具有"喜爱"的价值。奥尔波特(G.W.Allport)等人把兴趣看作价值观的主要心理因素,甚至把兴趣作为价值观测量的指标,这在他们所开发的价值观测量工具中有很好的体现。杨国枢(1993)及其同事在研究中曾认为可以把价值观看作是一种偏好。帕特里夏·科恩,雅各布·科恩(1996)则认为青少年生活中的优先选择或偏好比雄心和志向更能反映他们的态度和价值观念。

3.动机

动机的基础是需要。动机是驱动个体行动的动力,具有激励个体产生某种行动的价值。施瓦茨(1987)在三种需要的基础上引申出十种动机方面性质不同的价值类型,即权力(power)、成就(achievement)、享乐主义(hedonism)、激励(stimulation)、自我导向(self-direction)、对全人类的普遍关怀(universalism)、乐善好施(benevolence)、传统(tradition)、遵从(conformity)、安全(security)。韩秀兰(2000)则在动机研究中强调了期望的作用。

4.个人经验

个体具有自我意识,对自己经历过的事件进行反思,有助于形成某种观念,所以个体的经验是他宝贵的财富。兰久富(1999)认为个人的经历对个体价值观的影响也十分巨大。魏秋玲(1992)在其翻译著作中提到了学生平常学习成绩的影响。林恩·卡尔(Lynn R.Kahle,1996)在研究社会价值观和消费行为的关系时认为个体的价值观来自他们的生活经历。心理学工作者王业桂(1998)通过对三个不同时代的大学生进行研究证明,个体的成长历程影响大学毕业工作者的价值观。

5.自我意识

克莱夫·塞利格隆,阿尔伯特·卡茨(1996)在探讨价值观系统的动力特征时专门对个体不同的自我状态进行了研究。他们提出的问题是,有不同自我状态(self-states)的个体是否也有不同的价值观系统。这些自我状态包括现实自我、理想自我。研究者认为,个体既要根据自己每天所处的情境来思考自己所拥有和所采用的价值观系统,也要从道德水平来考察自己应该具备什么价值观系统。杨东、张进辅(2000)则对大学生的疏离感与价值观的关系进行了研究,认为自我分离感高者更重视物质名利取向的价值观,无能为力感高者更不重视物质名利取向的价值观。

五、山区学生的价值观

（一）初中学生的价值观

1.国家利益高于一切,尊敬民族英雄

就社会价值观层面而言,考查了爱国主义、集体主义和公民意识三个方面的价值判断。从调查结果来看,学生普遍认可国家利益高于一切的观念,但是普遍缺乏国家利益和个人利益紧密相连的认识,而是对国家利益和个人利益进行明确的区分,似乎爱国就是爱国,个人利益就是个人利益,彼此关联不大。只有31%的被调查学生认为"国家富强与个人有关,是个人的荣耀",而69%的学生不同意这一价值判断。"尊重为国家和民族利益而抗争牺牲的人"的判断是得到普遍认可的,即使造成生产力的破坏和物质损失,也同样尊敬这些抗争和牺牲的民族英雄。对爱国主义的经典名言"天下兴亡、匹夫有责"有着普遍的认同,而且认同"'天下兴亡、匹夫有责'在任何时候、任何岗位是可以体现的"这一说法[①]。

2.注重集体利益

学生普遍重视集体的力量和集体利益。认同"个人服从集体"观点的比例是73%,而认同"集体利益要与个人利益相融合"的比例高达93%,这说明学生还是看重个人利益的,不过,认同个人利己主义价值观的所占比重极少。此外,能够看到他人与自我互利互惠关系的比例也只有44%,初中学生似乎无法厘清个人利益和他人利益的关系,这类似于不能厘清国家利益和个人利益的关系。可以肯定的是,在集体主义和自我与他人的利益关系上,学生的认同不像在爱国主义领域那样一致,显得相对复杂一些,如个人利益的考虑比较多。

3.强调公平与言论自由

现代公民需要参政议政意识,需要确立平等观念和勇于担当的责任意识。从调查

---

① 束鹏芳.七、八年级的农村学生拥有怎样的价值观念——小样本的调查分析和价值观教育的目标构想[J].江苏教育研究,2009(25):46.

结果来看,一方面,平等观念以及言论自由的观念得到了普遍的认可,得到近90%被调查者的肯定,不过,贵贱之分仍然在部分学生思想中存在,敢作敢当的责任观念同样是学生普遍认同的。另一方面,参政议政意识尚不明显,网络议事和向领导提建议的认知和行为都不到50%,而对学习任务的关注则被置于优先地位。这与他们的年龄生活阅历有关,也应该与学校教育内容有关。

4.崇尚宽容与合作

个体的道德素养涉及宽容、合作、诚信、尊重等方面的价值判断。从调查结果来看,学生普遍地接受了宽容观念,有53%的学生不同意没有原则的宽容,认为该责备还得责备,是比较理性的宽容。尽管我们可能会在实际生活中发现学生缺少合作精神,但从观念层面看,95%以上的学生是认可合作的必要和合作的作用的。我们推测在不损害个人利益的前提下,学生还是普遍认同合作行为的。

5.追求尊重,认同适度的诚信

98%的学生认同尊重的理念,尤其是对生命权利的尊重,有77%的学生认为即使别人不尊重自己,自己也会尊重别人,这是比较大度的君子之风。我们将"己所不欲,勿施于人"这一名言理解为将心比心的尊重,它只获得了76%被调查者的认可,相对于完全的大度的尊重而言,似乎比较欠缺,也可能与学生是否理解这句话有关。至于诚信,学生在理智上的认同率只有81%;而完全的诚信,即"无论对方是否诚信都讲诚信",就只有61%的认可度了。相对于尊重、宽容和合作而言,诚信这一价值观念的认可度显然偏低。

6.不认同单纯的自我奋斗,碌碌无为不是羞耻的

就对生命价值的认识而言,学生总体上是具有自强不息的进取心的。但是敬佩自强不息者只占74%,否认自强不息是与个人的进步和发展相关的也占了33%。这似乎透露了以下信息:不思进取(哪怕是观念上的)的学生,是有一定数量的;学生似乎觉得"为个人的发展和进步而奋斗"是羞耻的,因而予以否定的占到了67%,这应该与学校教育中将奋斗与"崇高理想"捆绑在一起有关。与此相应的是,只有14%的学生认为幸福就是工作好、物质生活富足,却有71%的学生认为生命碌碌无为是不羞耻的,这说明学生既不认可物质富足即幸福,又在如何使生命更有意义的问题上缺乏进一步的追问和思考。

7.善待自然,科学精神不足

对知识学习的价值观而言,学生普遍拥有热爱自然、保护和善待自然的观念。87%的学生不愿意为物质享受而肆意破坏自然,93%的学生喜欢人与自然的和谐相处而不愿意打扰自然的纯粹。但是学生的科学精神似乎有些欠缺。48%的学生认为科学能够带来一切,能够战胜一切;19%的学生认为科学才讲证据,其他就不要讲证据,这说明片面地理解求真求实的观念在学生中还是较多地存在的。实际上,科学的局限性是客观存在的,而且在科学以外,证据意识同样重要。这说明我们对科学精神的教育重视还是不够。

8.喜欢西方节日,愿意了解西方文化

就多元文化观念而言:一方面有80%的学生认为学习语言可以深入理解东西方文化;另一方面也只有25%的学生更喜欢西方的节日,说明学生初步具有了东西方文化的区分意识,而且还是倾向于认同民族文化的。不过他们的文化视野十分狭窄,除了知道一些文化标签(例如节日)以外,对西方文化的丰富内涵知之甚少。

(二)农村高中学生价值存在的问题①

在肯定当今农村高中学生人生价值观主流是积极的、进取的和健康的同时,我们也应看到当今农村高中学生人生价值观还存在着一些值得重视的倾向性问题。主要表现为:

1.人生目标的确立自我化倾向突出

受社会主义市场经济的影响,当前农村高中学生的自我意识日益增强,在价值选择上主张以个人为出发点,过分强调个体而淡化集体;过分强化自我而淡化社会。调查结果显示,在人生价值判断和选择上,选择"快乐最重要"和"较多的金钱"的学生有45.13%;在人生价值实现手段问题上,选择"为了实现人生目标可以不择手段"的学生也有9.32%,而选择"甘为人梯"的学生只有6.42%。过分地强调自我容易导致一些学生感恩之心、分享意识、合作意识逐渐淡化,甚至形成"自我中心"的人生价值观。

2.人生目标功利化倾向严重

调查结果显示,当今农村高中学生渴望成才,企盼致富,对金钱物质的东西可能更计较,更关心"看得见、摸得着"的实惠,人际交往流露出鲜明的实用主义色彩。部分学生受拜金主义、享乐主义影响,把"拥有金钱的多少"作为人生价值的标准,把奢侈、享乐作为人生追求的最大目标。在这种功利思想的指导下,学生只讲索取,不讲奉献;只讲个人利益满足,不讲社会责任义务。价值观念中的亲情意识、乡土观念在淡化,逐渐减少了对故乡、亲人的眷恋,更乐意追求大都市新奇的生活。在乡土气息减少的同时,现代化气息正在增强,农村高中学生对网络游戏等流行元素的认知度在提升,而对一些方言俗语、传统习俗、传统手艺、传统文化的认知度、认同感在下降。

3.人生价值选择中体现出人格缺陷

农村高中学生对人生价值的选择反映出他们性格方面的一些突出缺点,这对他们未来的发展产生了不利的影响,这些不良性格主要表现如下:

性格相对内向、隐忍,有时表现出自信心不足,这些不足容易产生自卑情绪,导致社会交际能力较弱,突出表现是惧怕在公共场合和人多的地方展示自己。

主动性也相对较差,内敛、含蓄,尝试新事物的勇气少一些。

深沉、早熟、抗压能力更强,看问题更深刻清晰,但也会更消极一些。

由于走出去的机会较少,对外部社会了解少,眼界不高,容易满足,缺乏更清晰、更

---

① 蔺斌武.浅析农村高中学生价值观特点[J].报刊荟萃,2018(4):231.

具体的人生规划。

农村高中学生的叛逆情况正在变得严重,对知识、对老师的敬畏感和信任感在减弱,与父母的沟通交流在变少。

他们更容易受到媒体、潮流的影响,是非观念变弱,对一些优良的传统、高尚的品质、优秀的文化有轻慢、抵触之情,而对一些腐朽的、低俗的东西则流露出好奇、认同、尝试的念头,他们变得不愿意读名著,不愿听经典,更乐意接受一些暴力、享乐、腐朽的文化。

4.价值观教育的不到位及落后影响了学生价值观的良性发展

农村高中学校由于生源较少、办学基础较差,加之城市高中的扩张性发展,面临较大的生存压力,故更注重学生学习成绩的提高,而忽视了思想道德建设与情感教育;农村教师及教学资源的相对封闭,又影响了农村学生的眼界,致使农村高中学生的价值判断与价值选择不能很好地体现时代性,这进而影响了学生的升学和就业选择,导致部分农村学生目标缺失,对前途感到迷茫。

对农村高中学生进行人生价值观的教育是摆在我们教师面前的一项重要任务,我们必须转变教育观念,更新教育内容,在全面提高学生素质的同时,研究学生价值观特点,引导他们形成与社会发展要求相适应的、正确的人生价值观,提高他们适应新时代、新常态的能力。

第二节　山区儿童的崇拜

伴随山区儿童从不成熟到成熟的发展过程中,他们的人格发展具有偶像崇拜的特征。崇拜,最初是宗教学的内容,是指一种礼仪,指信徒对神灵偶然畏惧和敬仰的仪式,以后引申为人类对事物"不加限制"的尊敬的情感和行为。关注当今青少年的崇拜心理,引导他们偶像崇拜的选择,有助于帮助他们建立积极的人生价值观,促进其身心的健康发展。

一、崇拜

《辞源》对崇拜的解释是这样的:"崇,尊崇;拜,拜授。后引申为尊敬、钦佩"。《汉语大词典》中对崇拜的解释也和《辞源》相同,都是表示对人或物的信奉、尊重、敬佩,或者通过某种宗教的或非宗教的仪式来表达对某人或物的敬畏。这是崇拜一词的本义。后来在相当长的一段时间里,崇拜都带有一定的贬义,因为崇拜与宗教有着千丝万缕的联系,崇拜的目的就在于对所信奉的对象进行感恩和祈求保佑,它是一种屈服、迷信的盲从行为。随着历史的发展,各类英雄的横空出世,崇拜逐渐与宗教脱离以后,崇拜的含义里普遍为人们所接受的是"尊敬、钦佩"的理性情感,人们在运用"崇拜"一词时更加注意崇拜的选择性、价值性、目的性和模仿性。当代意义的崇拜有了更丰富的内涵:喜欢、欣赏、钦佩、模仿、向往、迷恋、尊敬、羡慕等，这些都可以作为"崇拜"的成分。

"偶像"本义是人像、神像。培根认为"偶像"是"盘根人心而牢不可破的错误观念"。后来"偶像"又引申为教条、权威，成为人们必须遵守或尊重的观念或思想，如今在大众文化里"偶像"主要指各行各业的明星人物，带有尊敬、钦佩的崇高情感。

偶像崇拜是一种产生于人类远古并延续至今的社会—文化—心理现象。它最早起源于人类对图腾的崇拜，继而转变为对神灵的崇拜，人们将崇拜的神灵按照心中的想象描绘成具有通天法力的外在形象并进行崇拜。通过对神灵偶像的观察，我们可以发现神灵偶像的变化是有一定趋势的，早期神灵以动物形象居多，后期神灵偶像开始具有人类的长相或者类似于人类的肢体外形，这也充分说明人类意识到自身力量的变化并且开始关注自身的力量。

教育学认为，当代文化语境中的偶像，泛指人们所崇拜的、高高矗立在自己心目中的一切人物形象，它不再单指人们盲目崇拜的"神"，而是人生理想的具体化、人格化，根据理想追求在现实生活中确定的具体的人物仿效模式，都是偶像。简单地说，偶像就是人们心仪的所有人物。

心理学主要是从心理研究出发，对偶像崇拜作出界定：偶像崇拜是青少年中普遍存在的社会心理，其产生与青少年的自我确认、归属需要补偿心态等心理因素有关。

社会学认为，青少年偶像崇拜是一种特殊的社会文化现象，它是指青少年被自己心仪的人格形象所吸引而表现出来的极度尊敬、钦佩、欣赏、喜欢或向往的情感和行为。

偶像具有的普遍特征，也是青少年心理发展的重要特点。农村学生的偶像崇拜具有下列特点：

认同性。偶像是人们经过斟酌比较后选择的自己认同的人物或符号。所以各类人物或人物形象只有被个体或群体认同喜爱后才可以称为偶像。

完美性。个体或群体由于自身的力量和智慧有限，往往感到社会或身边、事不尽如人意，这时个体或群体或倾向于选择无所不能的神或在自身无法达到的某些领域有所成就的人作为自己的偶像，认为偶像是完美无缺的存在，并把偶像的某点光环无限放大。

公众性。被人们崇拜的偶像往往是某一领域的杰出人才：政治领袖、娱乐明星、体育健将、职场强人等，由于这些杰出人才经常被主流媒体所报道，所以常为人们所熟知。

二、偶像崇拜的阶段

偶像崇拜是儿童特有的一种心理。个体出生后就开始了自我社会化的过程。

儿童的崇拜逻辑是第一偶像崇拜、第二偶像崇拜、独立人格形成。

在儿童的社会化过程中，自出生到少年期，主要崇拜父母，到青春期后，心理上开始脱离父母，由第一偶像崇拜过渡到第二偶像崇拜，这时儿童的人生观、价值观开始形成，他们选的第二偶像崇拜，反映了对崇拜者的倾慕之情，是全心全意地投入，是一种盲目的完全的认同和情感上的依附。这种理想化的过程有很强的浪漫色彩和绝对性，但是他并不能作为榜样而学习,因为榜样是现实生活中比较实用的东西,有很具体的借鉴价值。对第二偶像的崇拜,虽带有理想浪漫和绝对的特点,但是偶尔也有反思质疑的苦闷。随着对偶像了解的增多、活动领域的扩大以及知识经验的丰富,他们开始辩证地、客观地认识偶像。正如领袖们并非十全十美,儿童在叹服领袖对社会的贡献和影响外,仅倾慕和崇拜他们人格中某些价值。然后,他们把这种价值和自己的人格结合起来,以此确立人生的楷模。这种理想化的自我,是个性化的,是个体自我价值的张扬和升华。儿童由明星偶像崇拜这一外在的自我文化过渡到个体本位文化,标志着独立人格的形成。当今市场经济,鼓励创新、竞争,张扬个性。鲜明的社会文化环境,不仅为儿童的崇拜提供了多元价值的宽容,而且促进他们进一步个体化,实现自我崇拜的独立人格。

其中,从人格发展而言,儿童的偶像崇拜大体经历三个阶段:第一人格偶像崇拜阶段,第二人格偶像崇拜阶段以及独立人格阶段。对独立人格影响最直接、最早、最深远的是第一人格偶像崇拜。第一人格偶像,是指家庭成员特别是双亲所具有的心理和行为范式在子女心目中所产生的一种人格楷模。崇拜父母的情感,从学前期就开始,它产生于父母在孩子心中的角色和地位(权力、法官、情感依托、教师等),是一种自然依赖情感的流露。到了青春期,随着活动领域的扩大,以及思维向抽象逻辑思维的过渡,他们开始脱离父母的限制,在追求和实现独立的社会性行为时,选择和确立新的偶像。新的偶像又称为第二人格偶像,但是它又是需要教育者引导的偶像。这个时期大部分青少年尚未具有成熟的知识、经验和思想以及独立生活能力,对家庭和父母的依赖依然存在。在他们找到理想人格楷模之前,仍以第一人格偶像为依托和参照。如果父母的人格是不健全的,与社会的期待和要求相抵触,往往引起具有独立倾向子女的反叛和失落。在这种失去心理依托的情况下,青少年为弥补心里的空虚,很容易选错人格偶像,或加入"追星族",重者走上反社会的歧路。21世纪进一步的改革开放政策,以及与世界的交流日益频繁,青少年处于新旧文化中西文化交融的现实,应形成怎样的价值观,是全社会关注的问题。研究青少年的偶像崇拜,引导他们正确地选择偶像,对他们形成健康的人格具有重要的意义。

从文化的角度,在文明社会中,青少年最容易也最需要有某种偶像崇拜,这是走向社会前的一种人生准备,是对自己未来人生道路和成就的朦胧或者是无意识的企盼。它指引他们以此为理想目标,推动自己向个体本位文化过渡。这种崇拜的心理又是个体人格不成熟的表现,反映思想由不成熟到成熟化的历程。偶像崇拜的变化反映出我国青少年价值取向的变化。

三、儿童偶像崇拜的特点[①]

(一)偶像是喜欢的形象、奋斗的目标和学习的榜样

由于城镇化,尤其互联网的发展,城乡学生的偶像崇拜趋势基本一致。蒋密密

[①] 赵霞.我国中小学生偶像崇拜调查研究[J].中国青年研究,2013(3):74-76.

(2019)研究指出城乡小学生偶像崇拜差距不大。① 赵霞(2013)调查发现,在城乡中小学生看来,偶像首先是"喜欢的形象"(50.8%),其次是"奋斗的目标"(37.8%)和"学习的榜样"(34.1%)。可见,偶像首先反映的是中小学生的审美情趣和时尚追求,是站在平视的角度欣赏、喜欢的对象。只有约 1/3 的中小学生将偶像视为学习并努力成为的对象,绝大多数并未赋予其较深意义,或将偶像置于较高位置。

(二)偶像的首要功能是娱乐

82.2%的中小学生认为"偶像使自己的日常生活有了更多娱乐"。此外,偶像也具有榜样功能,58.4%的中小学生不认为"偶像崇拜就是一时的娱乐",78.1%"从偶像那里学到一些为人处世的方式",76%"常用偶像来激励自己",43.3%"向往像偶像那样生活",32.3%表示"偶像影响了自己将来的职业选择"。可见,偶像在行为模式等方面为中小学生提供了参照。再次,28.6%的中小学生认为"偶像是自己的情感寄托"。

(三)明星崇拜在初中阶段达到峰值

年龄在偶像崇拜中扮演着一个关键角色。在小学阶段,明星崇拜的现象已非常普遍,初中达到顶峰,高中阶段有所减少,小学生、初中生、高中生崇拜明星的比例分别为 69.2%、70.9%、62.7%。在小学生和高中生最崇拜的前 10 位偶像中,均有 9 位是明星,初中生最崇拜的前 10 人则全部都是明星,呈现高度娱乐化的特征。明星崇拜在小学和初中阶段凸显,青春期过后则有所缓和。明星崇拜表面看来是对时尚的热情追逐,实则反映出青春期少年对自我形象塑造的探寻和幻想。

(四)选择偶像受媒体影响明显

57.3%的中小学生表示选择偶像主要受到电影、电视、网络、报纸、杂志等媒体的影响。尤其是网络和手机的普及,为中小学生接触明星提供了便捷的手段,QQ 群、百度贴吧、微博等成为明星偶像与粉丝互动的沟通平台。明星与传媒的关系日益紧密。一方面,明星通过传媒扩大影响;另一方面,传媒通过明星参与娱乐节目、电影、肥皂剧、网络互动等赢得观众和市场,传播消费观念和生活方式。

(五)杰出人物崇拜呈现价值转型的新趋势

仅有 13.7%的中小学生将杰出人物作为偶像,比例远远低于明星崇拜。其中,文学家、艺术家及思想家、英雄、政治军事人物均为 3%左右,科学家 2.3%,劳动模范仅 0.4%。对杰出人物的崇拜随着年龄增长逐渐增多,高中生比例最高,为 18.4%,分别比小学生和初中生高 6.2 和 5.3 个百分点。对文学家、艺术家及思想家、政治军事人物、企业家的崇拜,随年龄增长呈上升趋势;对英雄和劳动模范的崇拜却越来越少;对科学家的崇拜,初中生比例最低,小学和高中大致持平。

(六)虚拟偶像挑战传统偶像

4.9%的中小学生将虚拟形象列为最崇拜的偶像,仅次于歌星、影星和体育明星,位

---

① 蒋密密.城乡小学生偶像崇拜分析及其对策研究[D].丽水:丽水学院,2019.

列第四位,对各类杰出人物、父母、同学、老师的崇拜均低于虚拟偶像。中小学生喜欢的虚拟形象可能是人物、动物、植物,甚至是纯粹想象的拟人化事物。孙悟空是最受欢迎的虚拟形象。

偶像崇拜是一面镜子,照出了中小学生心中某种潜在的欲望,同时,偶像崇拜也是他们自我确认的重要手段。

(七)偶像崇拜行为多样化

偶像崇拜的行为方式也与以往不同,表现出多样化的特点。中小学生对偶像的支持行为主要表现为关注偶像的作品(65.2%)、访谈或传记(27.0%),收集偶像的相关信息,如照片(37.4%)、签名(7.5%),购买偶像代言的产品(14.7%),以及对偶像言行的模仿(10.3%)等。

不同于传统追星族,给偶像投票是粉丝的一个较为普遍的支持行为。大部分中小学生对偶像表现出一般性的支持行为,仅有10.7%表示"非常崇拜,达到迷恋的程度"。随着年龄增长,中小学生对偶像的盲目崇拜逐渐减少。高中生(7.3%)对偶像"非常崇拜,达到迷恋的程度"的比小学生(15.9%)低8.6个百分点。

四、偶像崇拜的作用

偶像和偶像崇拜行为中包含着许多值得关注的教育因素,偶像崇拜对中小学生的精神生活具有特殊意义,对他们的健康成长具有重要影响。教育者应将偶像崇拜纳入教育视野,使其成为一种有效的教育资源,充分发挥其积极的育人作用,同时避免其消极影响。

有些学生过度崇拜偶像,盲目追逐偶像,导致生活萎靡,学业荒废,严重影响了他们的生理和心理健康,由于过度追星产生的惨剧也时有发生。杨丽娟,甘肃省兰州市女子,从16岁开始痴迷香港歌手刘德华,此后辍学开始疯狂追星。杨丽娟的父母劝阻无效后,卖房甚至卖肾以筹资供她多次赴港及赴京寻见刘德华。盲目的偶像崇拜是没有经过自己思考和斟酌的,没有明确的立场和态度,不仅无助于自我意识的确立,反而会导致盲目模仿、盲目学习,最终会导致高中生的自我迷失。笔者从中国医学科学院整形外科医院了解到,假期里整形医院的门槛都快被爱美的女学生踏破了。据统计,医院每天都有学生做美容整形手术,其中大部分是女生。整形外科专家陈焕然说,现在要求做整容的女孩呈低龄化趋势,许多女中学生甚至是带着某个女星的照片来整的。

青少年崇拜的多元性反映了历史的进步,但在多元选择中,不加分析,偏激地选择偶像则值得警惕。崇拜明星无可厚非,但羡慕他们豪华的生活方式,在吃、穿、住、行方面刻意模仿,不惜以牺牲自己的学习为代价,甚至与别人打架以追随和维护自己的偶像,则显得极其盲从和不妥。在崇拜中的绝对化、理想化、浪漫化倾向以及沉湎于白日梦的行为,是一种不健康的心理表现。有崇拜对象是好事,但崇拜谁就是一件非常重要的事情,引导他们并把它视为建立正确人生价值观的一种手段而纳入教育过程中则显得非常重要。

五、偶像崇拜的引导与教育

（一）加强媒介素养教育，理性看待偶像

当代中小学生的偶像崇拜越来越多地受到大众传媒的影响甚至操纵。媒介拓展了偶像选择的空间，拓宽了偶像崇拜的途径，丰富了偶像崇拜的感觉通道，增强了偶像的真实感和可亲近性；与此同时，媒介的商业化也加大了中小学生偶像崇拜的消费性。如果中小学生缺乏对媒介的认识和了解，混淆媒介与现实的关系，对媒介内容批判能力不足，他们就容易产生各种不理性的偶像崇拜行为。因此，父母和教师应重视对中小学生进行媒介素养教育，培养他们正确认识、理解媒介中的偶像，发展独立的、理性的偶像批判能力。同时，借助日常生活的媒介经验，父母和教师应与中小学生开展对话，共同思考，促进中小学生对偶像形成理性认识。

（二）树立多元偶像，引领精神追求

大众媒体往往热衷于采用娱乐的方式塑造娱乐偶像，受其影响，中小学生崇拜的偶像中娱乐偶像占据了半壁江山。中小学生的发展需要健康的、多元的偶像，需要丰富的精神滋养。教育者和媒体应重视塑造多元偶像，让道德的、科学的、文化的偶像及各行各业的精英展现其精神力量、榜样力量，避免娱乐偶像垄断中小学生的精神世界。

（三）借助偶像，增强中国文化影响力

偶像身上必然承载着一定的文化价值观，尤其是虚拟偶像。文化是民族的血脉，是人民的精神家园。当今世界正处于大发展大变革大调整时期，各种思想文化交流交融交锋更加频繁，文化在综合国力竞争中的地位和作用更加凸显，维护国家文化安全的任务更加艰巨，增强国家文化软实力更加紧迫。政府应注重扶持开发中小学生喜闻乐见的文化产品，通过实施精品战略，组织优秀少儿作品创作工程，鼓励原创和现实题材创作，不断推出文艺精品。巧妙运用动漫、影视、明星等时尚元素，强化中国文化的渗透力。

（四）加强自律和监督，规范公众人物言行

中小学生崇拜的偶像大多是具有广泛社会影响力或社会知名度的人物，这些人物以他们的身份、职务或言行对社会意见的形成、社会议题的解决或对其他社会成员的言行产生重要影响力。他们的言行举止、价值取向、功过是非，不可避免地影响到中小学生价值观的形成。为给中小学生的成长创造良好的社会文化环境，应规范公众人物的言行，建立职业准则。同时，强化大众传媒的社会效益取向，加强新闻工作者的法律、责任意识，形成良好的社会舆论氛围和监督机制。

媒 体 库

一、资源拓展

1.视频赏析

《震天鼓》

https://www.iqiyi.com/v_19rrmwbgdg.html

2.体验与感悟

回忆自己少年时的偶像,谈谈自己崇拜的行为。

3.讨论

(1)偶像崇拜的利与弊。

(2)如何克服对偶像的迷恋?

二、阅读

共青团十五大代表谈青少年偶像崇拜

一度在社会上引起激烈争论的某网站20世纪文化偶像评选,在出席共青团十五大的青年代表中再度成为热门话题。

这次文化偶像的评选结果显示:王菲、张国荣等娱乐明星进入文化偶像前列,与鲁迅、钱钟书、雷锋等人并列。这一现象引发了代表们对当代青年人生观、价值观的关注与思考。

"无论这次文化偶像的评选是否严谨,结果是否公正,它多少反映出当前青少年心理的现状。"来自河南的厉励代表说,"社会在变化,青少年的趣味和爱好也在发生变化。

这次评选给了大家一个重要启发,就是让人们认清现实。那就是,尽管鲁迅等文化巨匠仍在影响着青年人,但不可否认张国荣、王菲这样的明星也在青少年成长期产生重要的作用。"

尽管很多人不满意这样的评选结果,但却不得不接受这样的事实。团中央宣传部、中国青少年研究中心对北京、上海、天津、广州、西安、昆明等地2710名大中学生的偶像崇拜现象做了专题调查。结果显示,被调查青少年中,有50%的人承认有过特别喜欢、崇拜某个"明星"的经历;有34.5%的人承认自己正在崇拜某个"明星"。

青少年中有了这样的个人崇拜的比例,几个影视歌坛明星入选十大文化偶像也就不足为怪。此时,评选结果可能并不那么重要,重要是这样的一个事实,就是在当前这个时代,不仅文学家、思想家对青少年产生巨大影响,商界名人、娱乐和体育明星的作用也不能低估,这就是流行文化的力量。山东代表赵伟宏说。

一些来自于教育界的团代表也指出,文化是多元的,选择也必然是多元的,多元文化的代表人物放在一起,没有谁对谁的不敬。不同时代的人们有不同的偶像,现在我们需要做的就是尊重年轻人的选择,而不是硬将自己的固有思维强加于别人。

北京团代表郑浩峻说,青年面临着中华民族复兴的历史使命,需要精神上的不断成长,思想上的不断进步。现在网络、市场经济环境、新的价值评判体系都在影响着他们,如何引导他们树立正确的人生观、价值观,显得愈发重要。

来自北京汇文中学的高一学生、团代表郑之琳说,我不反对崇拜偶像,但是不能盲目崇拜。我们学校里有一些学生打扮成"韩流"的模样,结果连学校里的真正从韩国来的留学生都看了直摇头。盲目崇拜是无知的表现。

团中央学校部部长白希代表提出,当前信息传播和社会生活方式的巨大变化对青年的思想观念、价值取向和行为方式的影响日益深刻,青年的文化需求日益多样,要不断用崭新的文化形式来影响引导青年的偶像选择。要通过发展健康有益、充满活力的青年文化,引领青年的时尚追求。有了青年的参与和创造,才能使中国特色社会主义文化的百花园更加绚丽多彩。

(资料来源:http://www.cctv.com/special/1072/9/2.html)

参考文献

[1]于淼.榜样再现与偶像生产:媒体引导个体价值取向的机制及困境[J].湖北社会科学,2011,4(4):195-198.

[2]朱大可.偶像的物质化转型是精神价值丧失的结果[EB/OL].(2011-09-01)[2018-07-02].http://blog.sina.com.cn/s/blog-47147eqe0102dvcl.html.

[3]曲珍珍.农村初中学生偶像崇拜现状及引导措施研究[D].曲阜:曲阜师范大学,2008.

[4]杜春梅.初中生偶像崇拜现象及其教育对策研究[D].长春:东北师范大学,2009.

[5]汪萌萌.农村高中生偶像崇拜现象研究[D].南京:南京师范大学,2012.

[6]李海荣.青少年社会化与第一人格偶像崇拜[J].宁夏社会科学,1988:36-39.

[7]卜卫.当代青少年偶像崇拜的背后[J].学习,1993:12.

[8]岳晓东.岳晓东博士谈偶像崇拜和榜样学习[N].中国青年报,1998-08-22.

[9]岳晓东.我是你的粉丝——透视青少年偶像崇拜[M].上海:上海人民出版社,2007:270.

[10]周晓虹.大过渡时期的中国青年[M].南京:南京大学出版社,2000.

第七章　山区儿童的心理健康

随着农村城镇化，许多山区农村小学生出现不同程度的心理健康问题，学校教育要将心理健康教育提升到更高的层面，积极进行心理普查，开始相应的心理辅导活动，培养农村小学生遭遇心理危机的求助与救治意识，努力培养他们健康的心理素质。

第一节　亲子分离儿童心理健康

随着中国社会政治经济的快速发展，越来越多的青壮年农民走入城市，在广大农村也随之产生了一个特殊的未成年人群体——亲子分离儿童。亲子分离儿童问题是近年来一个突出的社会问题，他们成长中缺少了父母情感上的关注和呵护，极易产生认识、价值上的偏离和个性、心理发展的异常，一些人甚至会因此而走上犯罪道路。

一、亲子分离儿童

(一)亲子分离儿童的定义

根据我国人口普查时对亲子分离儿童的界定，亲子分离儿童是指由于父母双方或一方外出务工持续半年及以上，孩子留在农村户籍所在地，由父母单方或非父母亲人进行照料的18周岁及以下的儿童。在国内报章书籍中，也用"留守儿童"一词，来阐述亲子分离儿童。

(二)亲子分离儿童的分布数据

2018年民政部发布的数据显示，目前全国共有农村亲子分离儿童697万余人，与2016年全国摸排数据902万余人相比，下降22.7%。根据2017年的数据，目前四川农村亲子分离儿童规模最大，其次为安徽、湖南、河南、江西、湖北和贵州，这7个省的农村亲子分离儿童总数占全国总数的69.7%。

(三)亲子分离儿童的生存现状

6～14岁的亲子分离儿童正处于接受义务教育的阶段，也是他们身心发展的重要时期。由于他们大部分是由祖父母在照料生活和学习，比较多的主要生活来源是祖父母的劳动收入。在这种情况下，祖父母的劳动强度和生活负担较重，亲子分离儿童的生活、健康和学习也不能照顾周全。虽然，农村亲子分离儿童有比较积极的价值观，他们对未来有希望,向往城里的生活,但是由于农村亲子分离儿童远离父母产生了不少问题和危机,如祖父母对亲子分离儿童的监管往往心有余而力不足,亲子分离儿童在健康、安全和生活等方面的权益容易受到侵害等。

亲子分离儿童的生理健康也日益受到国内学者的关注。研究发现,由于缺乏父母的照顾,亲子分离儿童更容易出现健康问题,身体更差,尤其对6～18岁亲子分离儿童的健康有负面影响。

二、亲子分离儿童的心理问题

大量研究对农村亲子分离学生群体心理健康状况进行了调查,通过对比亲子分离儿童与非亲子分离儿童的心理健康状况,研究发现了以下农村亲子分离儿童容易出现的心理问题。

由于父母不在身边,亲子分离儿童孤独感发生率明显高于非亲子分离儿童。父母外出打工时间与亲子分离学生群体心理健康呈正相关。农村亲子分离儿童的心理健康、社会支持、应对方式与非亲子分离儿童存在差异,农村亲子分离儿童的社会支持、应对方式与心理健康存在相关性。研究表明,农村亲子分离儿童群体的心理健康水平普遍低于非亲子分离儿童,亲子分离儿童的冲动倾向与焦虑总分方面也显著高于非亲子分离儿童。亲子分离学生的强迫、偏执、敌对、人际关系、适应不良、心理不平衡6个因子及总分高于非亲子分离学生。

亲子分离儿童中女生的心理健康水平低于男生,存在性别差异。亲子分离女童的学习焦虑、对人焦虑、自责倾向和焦虑总分都高于亲子分离男童。调查发现,在亲子分离儿童群体中,情感忽视或者情感虐待,会导致不安全的依恋关系,安全感下降。同时,亲子分离儿童比非亲子分离儿童具有更多的欺凌行为。对大学生群体的研究发现,有亲子分离经历的大学生,宽容感较高,合作感较低。

对亲子分离儿童的学习进行研究发现,他们并不一定学习成绩较差,也有研究发现他们的成绩略好于非亲子分离儿童。亲子分离儿童的自尊水平越高,感知到的学业及生活压力就会越大。

三、亲子分离儿童心理问题成因

(一)城乡的巨大差别

伴随中国经济的巨大发展,中国的城乡经济发展差距较大,区域之间发展不平衡,因此产生了很多由欠发达地区到发达地区的劳动力流动,而这些劳动力集中在青壮年群体上,他们又无法负担起发达地区较高的生活和教育成本。20世纪90年代,民工潮开始粗具规模,大量农民从农村涌向城市,在确保自身生计的同时也为城市建设作出巨大贡献。2002年后媒体、教育界、政府相关部门对亲子分离儿童的"问题"越来越关注。2006年,国务院《关于解决农民工问题的若干意见》中,明确提出:城市公办学校不得向农民工子女加收任何费用。特别强调了农民工子女的教育问题。政府颁布的条款是关注和解决亲子分离儿童问题的重要开端,但是城乡间的隔阂与户籍的问题在短期内都无法快速解决。城市公办学校必须先要满足城市内儿童的就读,留给亲子分离儿童的就读空间有限。如果选择民办学校,将面临较高的学费和不能保证的教育质量。很长时间以来,亲子分离儿童变成一个庞大的群体问题,越来越受到广泛的关注。

(二)缺乏家庭的关爱

父母离开家外出,导致亲子分离有以下几个主要原因:(1)山区条件艰苦,为了给家里创造更好的经济条件,让家里的孩子可以上学,父母选择出去打工,而工作的性质使父母有可能没办法把孩子带在身边自己抚养,所以选择让孩子留下。(2)父母出去务工,但是对亲子分离给孩子带来什么影响并没有概念。(3)由于离婚,父母离家外出而导致亲子分离。(4)有些因为父母一方或双方犯罪而导致孩子变成亲子分离儿童。

相对于其他同龄儿童来说,亲子分离儿童自年幼便远离父母,缺乏频繁的联系,从而缺乏一种稳定而和谐的亲子关系,长期处在这种特殊的生活环境中,极易表现出胆小、迟钝、呆板、不与人交往、怀有敌意等不良的人格特点。这些不良的人格特点会直接影响到他们的身心发展,致使他们在情绪上变得焦虑、悲痛、厌恶、怨恨、忧郁;在性格上变得孤僻自卑、缺乏自信,存在不同程度上的心理问题。

目前,亲子分离儿童的抚养环境有以下几类:(1)父亲外出务工,母亲在家照料。(2)父母共同外出,爷爷奶奶、外公外婆或者亲戚朋友抚养。(3)儿童在学校住宿。(4)兄弟姐妹们相互照顾或者自己照顾自己。调查结果表明,约九成的亲子分离儿童由祖父母进行监护抚养。老一辈的思想观念比较陈旧,用传统的教育方法去教育现代的儿童是行不通的;还有一些亲子分离儿童则是由亲朋好友、老师看管或兄弟姐妹之间互相照顾。对于别人的孩子,抚养人通常是不敢管、管不了,也没法管,于是采取通融政策,只要不犯大错误即可。在这种特殊的教育环境下,亲子分离儿童养成了一些不良的生活习惯,最后导致一系列的不良问题。

(三)学校缺乏对亲子分离儿童的心理援助

研究表明,学校教育对亲子分离学生的心理影响举足轻重,班主任对亲子分离学生的心理健康发展影响最大。农村中小学仅能为亲子分离学生提供最基本的教育资源,几乎没有专门的心理健康教育和辅导,也不能正常关注和及时解决亲子分离学生的心理问题。

在目前的教育背景下,大多数的学校、老师十分关心"成绩好"的学生,而忽略"成绩差"的学生。亲子分离儿童的生活条件和学习条件明显比其他同龄儿童差,学习方面显得困难重重,自然而然无法引起学校、老师的注意,加之亲子分离儿童性格孤僻自闭,沉默寡言,人际关系十分敏感,极易产生一定程度的心理问题,如果老师没有给予足够的重视和及时的引导,会使其心理问题更为严重。

(四)自我控制力不足

造成亲子分离儿童心理问题的原因均属于外部因素,而外因是通过内因起作用的。

亲子分离儿童本身的人格特质和自我调控系统就是其内部因素。自控能力差的亲子分离儿童比自控能力强或者一般的亲子分离儿童在情绪、情感、学习心态和行为方面更易产生不良的心理问题，从而影响其人格的健康发展。而在人格特征中的稳定性、轻松性、聪慧性、有恒性、自律性、世故性和乐群性对亲子分离儿童心理弹性具有显著正向影响。具有较好心理弹性和自我调控能力的亲子分离儿童较少出现身心问题。

四、解决亲子分离儿童心理问题的措施

（一）加强和完善社会制度，充分发挥社会教育职能

首先，拥有一个良好的社会环境是个体心理健康成长的必要条件。因此，社会有必要给予亲子分离儿童更多的关注，有效地弥补家庭教育对其关怀的不足，多给予他们指导和帮助，为他们营造良好的生活环境。

其次，良好的社会环境是亲子分离儿童身心健康发展的客观要求。政府应加强和完善社会制度，维持社会秩序，严厉打击犯罪分子给社会带来的不良影响，加强对娱乐场所的有效管理，严厉打击传播不良音像制品的行为，维护社会安定，为亲子分离儿童的心理健康成长创造一个积极向上的社会环境；多组织社会公益活动，抓住对社会成员进行思想道德教育的有利时机，呼吁社会成员多关注亲子分离儿童及其他弱势群体，给予他们热心的关怀与帮助，让他们感觉到国家及政府的温暖。

（二）完善家庭教育，建立良好的亲子关系

完善家庭教育环境，加强父母与子女的沟通，搭建他们能够见面的桥梁，建立良好的亲子关系是重中之重。首先，增加儿童对父母关爱的感知。外出父母可利用电话、网络等媒介实现亲子沟通，为满足儿童的关爱需求提供心理上的可及性。

为亲子分离儿童寻找合适的监护人，并提高监护人的素质。亲子分离儿童的监护人需要具备一定的素质：能够及时发现孩子的不良行为，给予及时的教育与引导，使其朝着正确的方向发展；要对他们进行细心的观察与沟通，打开他们的心扉；祖父辈的监护人没有足够的能力对其学习给予帮助，可以为孩子请家教，使其获得个别化的教育，提高学习成绩。

（三）加强学校教育，提高教师素质

首先，作为学校应该加强对教师的素质培训，使教师具备良好的心理素质，能够做到公平、公正，使亲子分离儿童接受与其他儿童同等的教育。教师本身应该注重身教而多于言教，给孩子树立一个良好的榜样，成为孩子心目中心理健康的表率，引导孩子身心健康发展。

其次，学校应加强制度管理，避免社会上不良的社会风气和环境进入学校，以免造成不良影响，遏止校内的不良成员进行破坏，避免亲子分离儿童结识不良分子，一旦发现，学校、老师应给予及时的引导，帮助他们建立良好的同伴关系，使其人格发展能够"弃恶扬善"。

五、亲子分离儿童心理康复

亲子分离儿童自我调控能力的程度对其心理健康发展起着重要的作用。不同的自我体验、不同的自我控制,都会对亲子分离儿童的身心健康发展产生不同程度的影响。为了使他们与其他同学一样健康发展,可以采用多种途径来增强他们的心理健康。

(一)对亲子分离儿童进行适当的情绪调节

格罗斯的研究发现,情绪调节可以减少表情行为、降低情感体验,从而减轻焦虑等负性情绪对人们的影响,因而对身心健康有益。因此,我们有必要对亲子分离儿童进行适当的情绪调节,从不同的角度帮助他们抑制或削弱不良的情绪问题,维持和增加良好的情绪,使其正确面对现实,学会调整自己的心态,提高自我控制能力、自我认知能力以及提高对社会的适应性,帮助他们重建自信心,克服自卑、疑虑等不良心理,使其身心能够健康发展。

(二)加强亲子分离儿童的自控能力,提高意志力

鼓励亲子分离儿童正确面对眼前的挫折,敢于面对,敢于挑战,提高自己的独立性、坚定性和自制力。

(三)培养亲子分离儿童建立良好的同伴关系

良好的人际关系是儿童特殊的信息渠道和参照框架,也是儿童得到情感支持的来源之一,可以满足儿童归属和爱的需要以及尊重的需要,对亲子分离儿童的身心健康发展有着不可磨灭的作用。学校及社会团体可以定期为亲子分离儿童开展心理团体辅导,通过活动和游戏等方式让他们敞开心扉地交流,学会如何增强心理弹性,更好地适应生活。

六、华侨亲子分离儿童心理

(一)华侨亲子分离儿童

华侨亲子分离儿童主要分布在我国浙江、福建、广东等沿海地区,这一群体相对特殊,而且数量庞大并逐年增加。他们的父母一方或双方长居国外,与其他亲子分离儿童相比,虽有相对优越的经济条件,但更缺少家庭教育资源,更缺乏与父母的心理互动,他们中有的出生后不久就被送回国内,甚至长达数年都难与父母见面。华侨亲子分离儿童普遍托管于祖父母辈或其他亲属家庭,需要独自解决成长过程中遇到的各种问题。特殊的成长环境和依恋经历对他们的身心健康造成了负面影响。

(二)华侨亲子分离儿童群体存在的问题

与别的亲子分离儿童相比,对大部分华侨儿童来说,不存在经济方面的问题,相反有些孩子因父母常年在国外工作不能见面而用物质、金钱来弥补,因此也被称为"富裕亲子分离儿童"。过于富足的物质、金钱反而导致孩子出现更多的问题。诸多报道认

为,华侨亲子分离儿童心理健康问题甚为突出,长期与父母分离且缺乏联系,不仅产生与其他亲子分离儿童一样的问题,如情绪消极、自卑、孤单、内心封闭、情感冷漠、性格脆弱、任性、叛逆、行为孤僻、缺乏爱心和交流的主动性、学业不佳、行为偏差、社会适应性差、沉迷于网络游戏等,而且在社会层面的政策制度、亲情关怀、权益保护等多方面存在"洋"特点,使得个体自身和社会发展均处于"不利"状态,并朝"问题化"发展。

（三）华侨亲子分离儿童心理问题的成因

一是父母教养的缺失。华侨亲子分离儿童大多交给祖父母辈照料,在培养下一代的过程中,祖父母辈大多偏于溺爱,生活照顾有加,但无法替代父母形成良好的依恋品质,很多儿童出生不久就被送回国内抚养,父母继续在国外打拼。同时,由于相当一部分的(外)祖父母文化程度不高或长期身居农村,加上年老精力有限,以及管教方式不当,基本无法有效地培养孩子良好的品德、习惯、个性,在辅导、督促孩子学习方面更是举步维艰。有的华侨亲子分离儿童,从小就被送往寄宿制学校就读。这些因素都可能导致他们无法形成内在安全感,产生不利的心理因素。有的父母为了弥补不在孩子身边的遗憾,特地为孩子购买了各种电子产品,致使个别孩子过早沉迷于网络游戏。

二是身份、未来期望。华侨亲子分离儿童生理上与其他亲子分离儿童无异,但可能有着不同的国籍,在国内的升学等方面也因此面临着一些制约。除此之外,对自己身份的认同,自己如何定位,身边的人如何看待,都影响着他们对别人、别人对他们的看法,这些都影响着他们的身份认同。有些华侨亲子分离儿童在国外接受过一段时间的小学教育才回到中国,他们存在一定的文化差异问题。这种新环境的交替一定程度上也会影响孩子们的身心发展。同时,许多华侨亲子分离儿童家庭过早地将孩子的前途定位在出国经商上,导致他们学习的积极性不高,很多儿童成绩平平,知识掌握程度不高,对学习不感兴趣,甚至害怕学习。

（四）华侨亲子分离儿童心理问题的辅导

一是培养华侨亲子分离儿童积极的心理品质,促进其适应环境。就像绝大多数的亲子分离儿童研究一样,华侨亲子分离儿童的研究都会发现如前所述的心理问题,以往的研究较多集中在亲子分离经历对他们产生的负面影响,认为长期处于这种弥漫性的、消极的心理状态可能会导致适应不良。然而,一定程度的孤独体验可能对青少年的成长有积极作用。此外,适应也不应该只是被动的,尤其是对这些有负性成长经历的亲子分离儿童,如果缺乏面向未来的积极适应观,将对他们的成长产生更加不利的影响。研究发现,心理弹性、安全感、自尊、心理控制等积极的心理因素对亲子分离儿童的适应产生积极影响。一项针对华侨亲子分离儿童的研究发现,处于高孤独水平和严重孤独水平的华侨亲子分离儿童占31%,而不同孤独水平在儿童的积极心理品质、前瞻适应方面均存在显著差异,同时孤独感水平与积极心理品质、前瞻适应呈显著相关,而积极心理品质在儿童的孤独感和前瞻适应的关系中起到了部分中介作用。这提示我们:一是通过多种途径增强他们与父母的联系,降低他们的孤独感,比如:利用互联网加强亲子之间的联系、组织多种活动加强同伴之间的联结；二是加强积极心理品质的培养，一方面，以积极的眼光去发现并强化他们积极的方面，另一方面可以通过学校积极心理健康教育提高个体的积极心理品质。

二是加强社会工作介入，促进华侨亲子分离儿童的身心健康。华侨亲子分离儿童是一个特殊的社会现象，也是国家未来重要的侨务资源，国家和社会都应该足够重视。可以从社会工作层面加强对这一群体的服务，促进他们健康成长。开展个案社会工作，积极对华侨亲子分离儿童进行心理辅导，传授调适心理压力的方法，努力增强儿童的社会适应能力。针对隔代抚养，要开展家庭社会工作，如亲子工作坊、亲情培养，传递正确的教养理念等。对亲子分离儿童而言，学校是除家庭之外最重要的场所，要加强学校的社会工作，帮助儿童建立身心良好发展的基础。此外，建立华侨亲子分离儿童社会支持系统，建立青少年社会服务工作站等，这些措施都将极大促进华侨亲子分离儿童身心的健康发展。

第二节 山区小学生心理健康

一、心理健康教育

心理健康教育是一门具有很强的科学性、专业性和技术性的新兴学科，在我国虽然走过了几十年的历程，但仍然处于不断探索和实践的阶段。心理健康教育，可以从广义和相对狭义的两个角度来看。就广义的心理健康教育而言，指一切有助于学生心理健康素质的培养和人格健全的教育活动，包括学校、家庭、社会的有关教育、学科渗透和社会影响等；而相对狭义的心理健康教育，是指在学校范围内的、以心理素质培养和健全人格为目的的专门教育。

教育部颁发的《中小学心理健康教育指导纲要》(2012年修订)指出"中小学生正处在身心发展的重要时期，随着生理、心理的发育和发展、社会阅历的扩展及思维方式的变化，特别是面对社会竞争的压力，他们在学习、生活、自我意识、情绪调适、人际交往和升学就业等方面，会遇到各种各样的心理困扰或问题。"因此，心理健康教育对于小学生身心发展具有重要意义。

二、山区乡村小学心理健康状况

(一)山区乡村小学教师对心理健康教育的认识存在偏差

心理健康教育是提高小学生心理素质、促进其身心和谐发展的教育，也是全面推进素质教育的必然要求。然而，调查显示：在乡村小学，大部分教师表示对心理健康教育的了解不多。其中，超过半数的教师认为学校心理健康教育工作对于提高教育质量的作用并不明显，同时也有教师认为："现在的孩子应该不会有太大的心理问题，也就没有什么必要占用时间对学生进行心理健康教育，没有太大的意义。"这说明，在乡村小学还有部分教师没有意识到心理健康教育对于小学生的身心健康发展具有重要作用。调查还显示：超过半数的乡村小学教师仍然认为心理健康教育的对象为个别学生，只针对有心理问题的学生就可以。这显然是错误的，有心理问题的学生，只是心理健康教育的服务对象之一，但并不是心理健康教育唯一服务的对象个体。

（二）山区乡村心理健康教育途径相对单一

心理健康教育是一门独立的学科，但不是一个封闭的学科，它需要与其他的教育教学活动相互配合、相互渗透。但是，在乡村小学心理健康教育工作中，许多学校恰恰忽视了心理健康教育与其他学科的互相渗透和交流。实际上，除了通过课堂上老师的辅导和学生的学之外，心理健康教育还包括日常的心理咨询与辅导，这就需要一个专门进行心理咨询与辅导的场所——心理咨询室。但通过调查了解到，虽然很多乡村小学均设立了心理咨询室，但实际上没有发挥其真正的作用，只是为了应付检查。心理健康教育还有一个最重要的配合环节，也是不可忽视的，那就是与家长之间的沟通。现在的心理健康教育，很多人都认为是学校和老师的责任，这在很大程度上忽视了家长在心理健康教育当中所起到的重要作用。通过调查了解到，只有约五分之一的教师表示经常会与家长探讨有关孩子心理健康发展的问题，无论是教师忽视家长，或者家长本身忽视，这些都阻碍了学校心理健康教育工作的开展。

（三）山区乡村小学心理健康教育课程开设不够理想

一个活动开展得成功与否，时间上的充足是最基本也是最不可缺失的保证。在实际的上课过程中，许多小学都表示他们心理健康教育课经常被其他科目的教师所占用，毋庸置疑，这种情况下心理健康教育课的开展是收效甚微的。一些学校对心理健康内容的选择上，缺乏针对性，其教育内容的选取常常忽视以学生的现实需要为导向，缺乏依照学生的实际需求设计教育内容。据某农村学校调查，只有15.14%的小学生对心理健康教育内容表示满意，47.89%的小学生表示一般，还有36.97%的小学生表示并不满意心理健康教育内容。由于教师们缺乏对教育内容的调整，使其教育内容失去了针对性，严重降低了学生的学习兴趣，导致其学习本课程缺乏内在的动力。

（四）山区乡村小学心理健康教育师资力量紧缺，缺乏专业人才

农村小学心理健康师资严重不足，很多学校只配有1名兼职心理健康教育教师，却没有专职心理健康教育教师。教育部规定"应当通过专业化的培训提高教师对心理健康教育的认知程度，同时掌握从事心理健康教育所应当具备的基础知识与能力。对于已经取得培训证书的教师，还应当进行专职教师心理咨询的认证，对于专业知识及能力不足的教师，应当禁止其从事心理健康教育工作。对于缺少合格专职教师的学校，也禁止其开展心理健康教育"。但是许多农村小学教育资金投入不足、环境艰苦，人才流失现象严重，主科教师尚且无法配齐，心理健康教师更是多由非专业人员兼任，无证上岗且未经专业培训而进行心理健康教育，结果很有可能会适得其反。

三、山区乡村小学学生心理问题的成因

(一)没有形成正确的心理健康教育理念

乡村学校普遍推行素质教育,但仍有一些教师和家长无法摆脱应试教育的思想约束。许多教师和家长关注的重点仍然是学生的成绩,对学生心理健康问题缺乏了解。在教学中,教师仍然坚持并奉行"填鸭式教学"理论,将学生视为没有思想,情感和个性的对象。教育者与学生之间缺乏平等和民主。由于学校心理健康教育的重要性被忽视,导致学生缺乏学习兴趣,自尊心低或缺乏表达能力,对挫折的抵抗力弱,以及缺乏对人际交流和沟通的自信心。

(二)缺乏完备的心理健康教育机制

健全的管理制度是心理健康教育工作有效开展的重要保障。许多乡村小学对于开设课程、设立心理咨询室主要是为了应付上级的检查,而对于是否按计划上课、怎样上课以及心理咨询室如何使用等,学校并没有明确的规章制度。这使得心理健康课经常被挤占、心理咨询室形同虚设。心理健康教育工作在乡村小学开展的散漫与随意,从而导致了心理咨询与辅导工作无法在乡村小学有效地开展。

还有一个重要原因是家校没有建立管理机制,由于地处乡村,多数家长外出打工,使得教师与家长之间联系甚微,即使老师与家长之间有沟通,也大都是围绕孩子的学习成绩为何下滑,如何提高孩子的学习成绩等,这又强化了家长在孩子心理健康教育上发挥其应有的作用。

(三)山区乡村小学心理健康教育教师工作环境较差

由于大家普遍认为在乡村工作的发展前景不是很好,没有什么前途,再加上乡村环境相对较差,软硬件设施都比较欠缺,交通也不如城里方便,所以很少有新教师想来乡村,从而导致乡村小学缺少教师,尤其是主修心理学专业的教师。就算有老师来到乡村,也缺少专业心理知识的培训,造成其专业发展缓慢。

学校的不重视,在某种程度上,形成了恶性循环,也制约了心理健康教育的发展和壮大。

四、如何促进山区乡村小学心理健康发展

(一)树立正确的心理健康教育理念

明确心理健康教育的目标与任务。要纠正心理健康只是针对个别心理有问题的学生这种错误的认知。《中小学心理健康指导纲要》(2012年修订)已经明确了心理健康教育应该面向全体学生。小学生的生活阅历有限,随着学段的不断增加,学习压力也在增大,在其学习、生活、人际关系等方面难免会产生困扰。心理健康教育可以提高学生解决这些问题能力,使学生掌握学习技能和人际交往技巧。进而提高学生的自助能力及学习效率,为创建良好的学习环境提供基础。同时,心理健康教育的内容是根据学生

的生理和心理发展特点设立的,这对培养学生良好心理素质、促进学生身心全面发展、提高教育效果都有重要作用。

(二)全员合力,多途径开展心理健康教育

想要提升小学心理健康教育效果,就必须构建社会、家庭、学校为一体的全方面教育网络。在社会方面,让乡村小学生多到社会上参加社会实践,开阔学生的视野,加强乡村小学生的综合素质以和心理素质。这样可以让乡村小学生接触社会、认识社会、了解社会甚至能慢慢适应社会。

在学校方面,在各科教学中渗透心理健康教育。课堂是学生在校活动的主要场所,而各学科课程的本身以及在其教育过程中都存在着心理健康教育的潜在资源,所以在各科教学中渗透心理健康教育是最直接、最有效的途径之一。教师要做到根据学科特点,努力挖掘旨在培养学生良好心理品质的"心育目标",使心理健康教育与各学科不断渗透与融合,形成合力,有效缓解学生的心理压力,促进学生健康成长。

在家庭方面,家长们心中应该树立正确的价值观和教育观。家长要认识到心理健康教育对小学生来说是不可缺少的一项课程,更要让家长知道心理健康教育对学生的意义非常重大,同时告诉家长应该怎么做,争取获得家长的配合,实现家校合作,家长和老师一同来关心孩子们的心理健康状况。

(三)加强师资建设,保障心理健康教育的质量

加大对现有心理健康教育人员的培训力度,增强师资队伍专业的素质。以人才引进为突破,积极招聘专业心理学人才,为他们提供优质的办公环境和配套设施。学校还应走出去,联合教育部门吸引专业心理学人才前来支教和开展公益讲座,提升学校心理健康教育水平,努力保证学校心理健康教育课程不间断、不单调。学校要鼓励现有年轻教师参加心理健康知识的培训,积极准备学校心理健康的后备军。

学校要发动企业和社会组织的力量,共同为农村心理健康教育事业出谋划策。

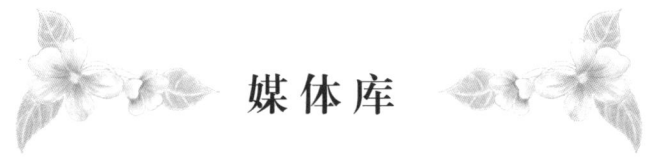

媒体库

一、资源拓展

1.视频赏析

《人家》——爸爸妈妈我想和你们在一起

http://v.youku.com/v_show/id_XNDUyNTQyNDUy.html

2.体验与感悟

访问一个山区亲子分离儿童的家庭。

3.讨论

如何对亲子分离儿童进行心理辅导？

二、阅读

亲子分离儿童心理问题

1.亲子分离儿童的性格、心理等因为与父母缺乏交流发生不良变化

父母的爱对孩子的成长是非常重要的。亲子分离儿童由于缺少与父母面对面的情感交流，他们不仅感到孤单，缺乏安全感，也失去了从父母身上学习表达爱的方式。伴随着网络、通讯业的发展，虽然亲子分离儿童与父母的沟通交流比过去方便多了，但是电话、微信的交流缺乏直观与亲切，不能进行有效的情感交流，也不能获得真切的爱的满足，会产生一定的疏离感。长期不在孩子身边，许多父母感觉孩子缺乏父爱和母爱，已经与自己产生了隔阂，他们感觉孩子变得不爱说话，性格孤僻，甚至发现孩子交了一些不三不四的朋友，经常惹事，还有些父母发现孩子明显不爱回家，大多数时间在外面。亲子分离儿童的父母普遍认为外出务工会对孩子性格的形成和发展产生不良影响。

当遇到烦心事或困难时，他们宣泄的方式依次为闷在心里，和自己要好的同学或朋友说，和住在一起的亲戚说，和父母说。

(1)孩子孤僻、胆小，由于父母在外，长期跟随爷爷奶奶，而祖父辈都非常溺爱孩子，同时很多事情不能得到及时的沟通、解决。小孩便形成了孤僻、胆小的性格特点。

(2)自卑心理严重。别的孩子放学、上学都有父母接送，可他没有；周末，别的孩子能在父母的陪伴下逛街、游公园，可他不能；当身体不舒服时，别的孩子的父母会在床前嘘寒问暖，可他没有……由于长期得不到父母的疼爱，久而久之，孩子便会产生一种自卑心理。

(3)固执。学生小潘的父母长期在外打工，他从小就和爷爷奶奶生活在一起。爷爷奶奶对小潘可以说是尽心尽责,疼爱有加,照顾得无微不至。可就是因为如此,小潘说一,爷爷奶奶绝对不说二,如果不依,他则会大吵大闹,直到爷爷奶奶依他为止。久而久之就形成固执的性格。就因为这样,他在学校里虽然成绩很好,却不受同学们的欢迎。

(4)不爱回家,花钱大手大脚,不知节约为何物。天下哪有父母不疼爱自己的孩子,因为自己不能待在孩子身边疼爱他,心里觉得对不起孩子,于是便多给孩子留些钱花,这是许多为人父母的心理。小兰父母都在外地做生意,她一个人跟着爷爷奶奶在家上学。父母长年在外,偶尔返家也是丢下几个钱就走,根本无暇过问她的生活和学习。有了钱,小兰便大方起来,今天请这个同学吃饭,明天请那个同学吃饭。爷爷奶奶也认为这钱是她父母给的,随她怎么花。久而久之,小兰便养成了乱花钱的坏习惯,甚至还结交了一帮社会上的小青年,无心学习。小兰成绩越来越差,上课无精打采,学业几近荒废。面对这种情形,小兰的父母束手无策:一方面生意不能丢;另一方面又不能眼睁睁地看着她滑到邪路上去。

(5)个别学生有暴力倾向。"谁要是欺侮你,你就打他,狠狠地打,打坏了,爸爸出钱医治。"这是一位父亲出门前对自己孩子说的话。因为自己长年在外,不能待在孩子身边,生怕孩子受到别人欺负,所以便这样叮嘱自己的孩子。因为有爸爸这样教他,这位同学在与别人交往的过程中便很不讲道理,一遇到问题就用武力解决。

2.亲子分离儿童渴望得到父母关爱

被访的儿童中,大部分不想让父母出去,希望和他们生活在一起。他们认为住在一起的亲戚没有父母对自己好。很大一部分孩子表示愿意被父母带到打工的地方一起生活。孩子多数认为所谓的监护人对自己的约束较少,对自己的教育也少,遇到问题多半由自己解决。

一位同学在作文中写道:爸爸妈妈,你们回来吧!难道赚钱就真的那么重要吗?我并不在乎你们能给我买多少漂亮的衣服,也不要你们给我买好玩的玩具,我只想和你们在一起。每次看到别的小孩牵着爸爸妈妈的手散步,我真的好羡慕。你们都说这么做是因为我,想让我比别人过得好,可你们是否知道我最最渴望的就是你们能陪我一起做作业,牵着我的手一起散步……

(资料来源:chunjiaoyan_333 的博客 http://blog.sina.com.cn/s/blog_4562d6930100xxac.html)

参考文献

[1]杨杨.兴城市乡村小学心理健康教育现状及对策研究[D].渤海大学,2018.
[2]赵晓.乡村小学心理健康教育存在的问题及对策研究[D].湖南科技大学,2017.
[3]曹淑君,王萍.学校心理健康教育[M].沈阳:东北大学出版社,2012.
[4]郑雪.小学生心理健康教育[M].广州:暨南大学出版社,2001.

［5］康志文.南昌市中小学心理健康教育课程实施现状调查与分析［D］.黑龙江：黑龙江大学，2013.

［6］赵之一.生活事件对太原市中小学生心理健康的影响［J］.山西医科大学学报，2006,37(5):517-518.

［7］王荣欣.谈目前小学心理健康教育存在的问题及解决措施［J］.教育现代化，2016,3(38):393-394.

［8］张仁芳,李涛.乡村中学心理健康教育课程设计中存在的问题及对策［J］.中小学教师培训,2015(1):65-66.

［9］李艳平.当前农村小学心理健康教育常见问题及对策探析［J］.华夏教师,2017(08):25.

［10］马文海.偏远农村小学心理健康教育的现状与对策［C］// 重庆市鼎耘文化传播有限公司.教育理论研究(第二辑),2018:4.

第八章 山区儿童的社会适应

适应是心理健康的一个重要标志,是当外部环境发生变化时,主体通过自我调节系统作出能动反应,使自己的心理活动和行为方式更加符合环境变化和自身发展的要求,使主体与环境达到新的平衡的过程。这就是在社会生活的适应,只有很好地适应社会,个体才能发挥潜能,获得自我价值的实现。随着城镇化进程的加快,山区儿童面临一系列的社会适应。

第一节 社会适应

学会生存是当今社会一个重要的课题。由于城镇化,许多父母外出打工,所以山区儿童,尤其是亲子分离儿童在社会变迁中面临许多生存的问题。关注山区儿童的生存,积极改善他们的生存条件,给他们更多的关爱,这是学校乃至社会的重要责任。同时,积极培养他们的生存能力,让他们在未来的人生中能独立克服困难获得理想的成功,这是学校教育不可推卸的责任。

一、适应

(一)社会适应

适应是来源于生物学的一个名词,用来表示能增加有机体生存机会的那些身体上和行为上的改变。在心理学中,适应是用来表示对环境变化作出的反应。如对光的变化的适应和人的社会行为的变化等。皮亚杰认为,智慧的本质从生物学来说是一种适应,它既可以是一个过程,也可以是一种状态。有机体是在不断运动变化中与环境取得平衡的,它可以概括为两种相反相成的作用:同化和顺应。适应状态则是这两种作用之间取得相对平衡的结果。这种平衡不是绝对静止的,某一个水平的平衡会成为另一个水平的平衡运动的开始。如果机体与环境失去平衡,就需要改变行为以重建平衡。这种从平衡到不平衡,然后又到平衡的动态变化过程就是适应,也是儿童智慧发展的实质和原因[1]。

---

[1] 朱智贤.心理学大辞典[M].北京:北京师范大学出版社,1989:618.

从个体对社会环境的反应角度来看，适应还有广义与狭义之分：

狭义的适应是指在遭受心理挫折后人们采用自我防卫机制来减轻压力，恢复心理平衡的过程。广义的适应是指当外部环境发生变化时，主体通过自我调节系统作出有效反应，使自己的潜能得以充分发挥，使内外环境重新恢复平衡的心理过程。前者更多地表现为无意识的适应过程，具有一定的自发性；后者则主要表现为有意识的适应过程，带有更明显的自主性。在个体发展过程中，前者出现得较早，而后者出现得较晚。但是，随着个体心理成熟水平和思维水平的提高，后者的作用会越来越大并逐渐占据主导地位。可以说，社会适应是指个体对社会生活环境的适应。有人认为，社会适应的实质也就是社会或文化倾向的转变，即人的认识、行为方式和价值观因为社会环境的变化而发生相应的变化。

适应根据其效果可分为消极适应和积极适应。消极适应是个体改变自己的行为或态度以适合外部环境的要求，这是一种基本的、比较被动的适应方式，其作用只是求得一时的内心平衡；积极适应是主体充分发挥自身的主观能动性，尽最大可能去改变环境使之适合自己发展的需要，这是一种比较高级、比较主动的适应方式。在个体发展过程中，生存与发展之间存在着十分密切的、相辅相成的关联，因此这两种适应方式之间也存在着不可分割的联系，事实上，两种适应对人都有重要价值。首先要能够生存，然后才能谈得到发展。生存是发展的基础，发展是生存的目的，但从个体适应能力形成的过程看，通常是要先学会生存适应，然后才能达到发展适应的水平。

从社会化的角度看，社会适应的内容应当包括以下几项：第一，对社会生活环境的适应，包括对不同生活条件与方式的适应；第二，对各种社会角色的适应，包括各种角色意识的形成以及对不同角色行为规范的掌握；第三，对社会活动的适应，包括对各种活动规则的掌握和活动能力的形成，如学习、交往、工作、休闲等能力的形成与发展。联合国教科文组织提出的关于现代教育的四大支柱（即四项培养目标：学会做事、学会求知、学会与人共处、学会生存）所反映的都是社会适应方面的基本要求。有人认为社会适应最重要的就是对人际交往和人际关系的适应。这一观点也有一定道理，因为不论从事哪个方面的活动，都离不开人际交往，都要同人打交道。生活也好，学习也好，工作也好，都是与人交往的过程，都要以良好的人际关系为基础。所以，善于与人相处，善于协调人际关系是使生活美满、事业成功的重要保证。

（二）影响社会适应的因素

社会适应的主要内容是人际适应，因此，影响人际适应的一些人格特征也影响着个体的社会适应。这些人格因素主要包括：心理优势感、心理能量、人际适应性和心理弹性。

1. 心理优势感

心理优势感来源于个体与情境的比较，是经过多次的比较而形成的一种人格上的心理积淀。它可以通过控制性、自信心、自尊心和自主性影响个体的社会适应。具有控制信念的人相信通过自己的努力可以影响和改变他所从事的活动和生活的世界。自信者相信他们有足够的经验和能力应对外在压力,解决问题。自尊者相信面对所处的社会情境,他们不是可有可无的人,他们能够得到社会的重视。自主者相信他们完全能够按照自己的主张和方法应对压力,解决问题。

2.心理能量

心理能量就是个体所拥有的应对压力的心理资源。这种资源是潜在的,需要外在应激情境的激发和个体自身的积极调动才能变成应对压力的有效资源。心理能量通过活力、动力和能力促进个体的社会适应。有活力的人表现为精力旺盛、态度积极、行为主动、情绪有感染力。具有动力特征的人在意识、目的和计划的支配下,表现为行为的方向性和持久性。能力包括智力和经验两个特质。具有能力的人能够采取有效的应对策略应对压力,解决问题。

3.人际适应性

人际适应性就是个体在人际适应过程中所应具备的和所表现出来的人格特征,也称人际关系特征。人际适应性主要包括乐群性、合作性、信任感和利他倾向。乐群者热情、活泼,乐于与人相处。合作者理智、友好,善于与人相处。信任者坦诚、诚实、真实,愿意与人相处。利他者慷慨、助人、慈善,能够与人相处。

4.心理弹性

心理弹性是个体持续应对压力所需要的人格素质。具有这种人格素质的人,面对持续的应激情境,会表现出镇定、灵活、坚强、乐观,反之则表现为冲动、呆板、懦弱、颓废。因此,心理弹性包括自控性、灵活性、挑战性以及乐观倾向。具有自控性的个体能适度控制情绪的释放。适应灵活的人能够根据实际情境调节自己的情绪状态,并很快转移情绪,或从沮丧情绪中恢复过来。具有挑战性的人,能够正确地看待外在压力,不把压力当作威胁,而是当作施展才华和发展自己的机会。具有乐观倾向的人对未来持有的积极期望和乐观态度,能使他很容易从挫折中摆脱出来。

二、学生的生活状况

随着乡村振兴计划的实施,农村学校的教学条件得到了极大的改善,乡镇企业的发展也吸引了许多城市农民返乡创业,这些学生的生活状况得到了很好的改善。但是,农村学生生活状况亟待解决的依然是那些农村亲子分离的儿童,他们的生活和教育方面还存在一些问题,下面以一份2017年农村儿童的调查数据[①]来说明这些问题。

(一)亲子沟通陌生化,主要内容是学习

针对大量亲子分离儿童,他们和父母的沟通较少。从沟通工具来看,电话是最主要的沟通工具,其他依次为微信、QQ和写信;从沟通频率来看,按照联系频率由大到小排列依次是"一周联系一次""一个月联系一次""每天都联系""从不联系"。从沟通内容来

---

① 茹宗志,张文婧.农村留守儿童留守生活现状的调查分析——基于对陕西省宝鸡地区700名农村留守儿童的实地考察[J].宝鸡文理学院学报(社会科学版),2017,37(01):88-94.

看,学习成绩是亲子分离儿童亲子沟通的主要内容,其他依次是家庭事务、班级同学之间的事情,社会问题等。从沟通效果来看,对"你认为你的父母了解你目前的学习、生活、心理等实际情况吗?"的回答中,由高到低排序为"清楚""不清楚""很清楚"以及"根本不清楚"。可见,虽然绝大部分农村亲子分离儿童跟父母的沟通良好,但不能忽视四分之一的父母不了解子女学习、生活、心理状况的事实。这也说明,亲子沟通存在陌生化倾向。不同学段亲子分离儿童对"你认为你的父母了解你目前的学习、生活、心理等实际情况吗?"的回答存在显著性差异,呈现出随着学段上升,选择"不清楚"和"根本不清楚"的学生比例也有随之上升的趋势。这说明农村亲子分离儿童年龄越大,与父母沟通越容易出现陌生化现象。

(二)学生消费生活理性化,不存在时尚与炫耀

在社会物质极大发展的今天,人们的消费不再停留在物的"实用价值"上,而是在消费附着在这些物之上的"符号"和"意义"。过生日是当前青少年的一种时尚性和炫耀性消费,许多家长在给孩子过生日事情上不惜代价。对"你过生日的花费基本是"的回答中,选择"没有过生日"的占35%,选择"100元以内"的占53.6%,选择"300元以内"的占8.7%,选择"500元以内"的占1.2%,选择"500元以上"的占1.5%。这些数据说明,有十分之三的农村亲子分离儿童没有过生日,有一半的生日花费在100元以内。不同家庭经济条件的儿童回答也存在显著性差异,呈现出家庭经济条件越好、过生日花费越多,反之,家庭经济条件越差、过生日花费越少的趋势。总之,农村亲子分离儿童的消费理性较强,不存在符号消费现象。

(三)学生课余生活,场地不足,内容单一

在农村亲子分离儿童可以享有的闲暇场所方面,对"你平时可以休闲和娱乐的场所"的回答中,选择"村子街道"的占37.4%,选择"村子里的健身器材基地"的占33.7%,选择"图书馆或书店"的占11.8%,选择"没地方去"的占17.1%。不同学段亲子分离儿童的回答也存在显著性差异,呈现出随着学段上升,选择"没地方去"的比例也随之增加的趋势。这说明,一方面,可供农村亲子分离儿童休闲和娱乐的场所有限,另一方面,随着年龄增长,他们已经不满足于在村子街道和健身器材基地玩等,而是有着更多的期待。

三、学生的教育环境状况

(一)成绩总体状况一般,但呈现出随学段上升学业成绩下滑的趋势

在学业状况方面,对"你的学业成绩情况怎么样?"的回答中,选择"优异"的占13.1%,选择"一般"的占69.5%,选择"较差"的占14.4%,选择"非常差"的占3%。不同学段学生对此问题回答存在显著性差异,呈现出随着学段上升,农村亲子分离儿童的学业成绩下滑的趋势。这种趋势的出现有两种原因:一是随着学段上升,学业复杂性和难度在增大,会导致学业成绩下降;二是农村高中的教学管理质量薄弱,有待进一步提高。

（二）学生自主学习意识较强，寻求共同进步

在农村亲子儿童闲暇内容方面，对"在周末，你通常会做些什么？"的回答中，选择"写作业"的占52.3%，选择"看电视"占15.8%，选择"体育锻炼"的占6.8%，选择"上网"的占6.3%，选择"上辅导班"的占3.1%，选择"做家务"的占5.2%，选择"找朋友玩"的占6.4%，选择"其他"的占4.1%。可见，写作业是农村儿童周末最主要的活动内容，说明学生对学习有很强的自觉性。在学业支持方面，对"当你在学习上碰到困难时，通常从哪方面可以获得帮助？"的回答中，选择"同学帮助我"的占48.3%，选择"老师帮助我"的占27.3%，选择"我自己解决"的占18.6%，选择"其他人"的占5.8%。当在学业上遇到问题时，学生会得到同学，老师的帮助，以便共同进步。

（三）学生有学习目标，但随学段上升，对目标的明确性降低

在学业目标方面，对"你有明确的学习目标（比如考取大学）吗？"的回答中，选择"非常明确"的占43.3%，选择"有时明确，有时模糊"的占41.9%，选择"目标模糊"的占11.8%，选择"没有目标"的占3%。不同学段儿童的回答呈现出显著性差异，在选择"非常明确"的比例中，随着学段上升，比例却在减少，也就是说，小学亲子分离儿童比例最高，初中居中，而高中却最小；同时，选择"没有目标"的比例却呈现出随年段的降低而降低的趋势。这说明，随着学段的上升，农村亲子分离儿童的学业目标的明确性降低，这更需要学校加强学业理想的教育。

四、社会适应力的提升

（一）关心山区儿童的非智力因素

非智力因素是指智力因素之外的对认识产生影响的因素，包括情感、意志、兴趣、勤奋、热情等。对山区儿童而言，就是关心山区儿童积极生活态度的培养，提升他们自我效能感、心理能量、心理弹性以及人际适应性。

学校、家庭、政府部门都应该转变各自的思想观念，积极投入关爱山区儿童，尤其是亲子分离儿童的教育行动中来。让山区儿童热爱生活，感受到社会的温暖，对生活有积极的态度。为此，学校要统筹安排各项校务工作，让教师有更多的精力关注学生内心，投入教书育人上。在应试教育背景下，由于学校更多的是关注知识的传授、成绩排名、升学率等，忽视了育人的功能，它们复制城市教育模式，忽视山区儿童的心理，不了解亲子分离儿童的基本情况、不关心亲子分离儿童的生活和心理状态，也不会思考如何去帮助他们适应社会，以及解决学习以外的困难等。古人曰：知己知彼，百战不殆。山区儿童和城市儿童具有不同的特点，山区儿童尤其亲子分离儿童更需要细心的呵护。学校作为一个教育人、培养人的机构，要切实担负起教书育人的责任，利用与孩子接触最多的优势，心系山区儿童，更加关注亲子分离儿童的非智力因素发展，多方面地培养孩子的学习兴趣、保护他们学习的内在动机；规范孩子的学习行为、疏导他们的学习心理，尽可能多地培养出高分高能的学生，提升山区儿童的社会适应力。

家庭教育是最直接也是最容易教育山区儿童，改善亲子分离儿童的教育方式，家长要转变把教育学生的责任全归于教师的观念。在关爱子女生活的同时，父母更要在思想和行动上重视子女的教育问题，在家的父母要关心子女思想，鼓励他们多参与农村劳动，培养他们吃苦耐劳的精神；在外打工的父母，要经常回家看望子女，关注子女的学习、生活和心理状况，让子女感受到亲情的温暖，不能经常回家也可以通过打电话、视频聊天等方式与子女进行情感交流和亲子互动，使他们能够充分感受到父母的关爱，增强对生活的热爱之情。父母要经常与孩子的班主任、监护人保持联系，共同商讨教育的策略与办法，提升孩子的社会适应力，使孩子在良好的心理环境和社会环境中健康成长。家长要转变用金钱弥补愧疚心理的想法，除了提供必要的学习条件之外，切忌过度地满足物质要求，以免不但没能弥补孩子缺失的亲情，反而为他们的铺张浪费、奢侈、越轨行为制造温床，提供条件，使他们无法抵制外界的诱惑而走上歧途。

政府应该加强对山区儿童，以及亲子分离儿童教育重要性的认识，在注重经济发展的同时，更要注重农村亲子分离儿童的教育问题，要将解决亲子分离儿童教育问题作为一项工作任务，纳入新农村建设的规划之中，从完善法律法规、制定制度和保障性政策入手，逐步形成一个系统的解决方案。要活跃儿童的乡村文化生活，要加强对亲子分离儿童教育和管理的引导，利用新农村建设的契机，合理利用手中的执行权力，亲自参与到各项工作中去，关心农村基础教育。要改变过去将权力攥在手中，忽视山区儿童教育，将亲子分离儿童的教育任务转移到非权力部门，只讲表面形式没有成效的做法。

（二）关心山区儿童生活，改善生存环境

1.学校提供免费的课间餐

国家非常重视农村孩子的身体健康，几乎各地乡村学校都已开启了营养早餐工程，彻底改变了因饥饿而无法集中精力学习的现象。目前，全部的乡村学校向学生提供早餐，也有很多学校向学生提供午餐，条件好的乡镇也有学校向学生提供晚餐，但只有个别学校向学生提供课间餐。小学生和初中生正处于身体的发育期，新陈代谢旺盛，他们很需要在课间补充营养，这需要学校加强这方面的工作，多方面筹集资金向学生提供免费的课间餐，以确保学生不会因为饥饿而影响到学习。

2.免除部分贫困学生在学校中的一切费用

虽然现在义务教育阶段的学生已经不用交纳学杂费并且住校还能获得一些补助，但学生在校还是有一些费用，比如作业本费用、一些教学资料费用等。部分贫困学生因拿不出这些费用而辍学的现象依然存在。因此学校可以通过学生申请、校方实际调查、最终确定的确需要帮助的学生名单的方式，免除这部分学生在义务教育阶段的一切费用。

3.学校多添置一些体育用品

虽然现在学生自己支配的时间多了，但由于农村的经济条件有限，学生的娱乐活动很少。他们除了看电视、和同学们玩一些他们祖祖辈辈流传下来的游戏外几乎没有其他的活动。因此，学校应该多添置一些体育用品，让孩子们尤其是亲子分离儿童把多出

来的时间用在学校里:一方面可以锻炼身体,提高他们的身体素质;另一方面还可以防止学生到社会上接触一些不良分子,形成一些不良习惯。

4.增加家访的次数

家庭教育是学校教育的重要补充。良好的行为习惯是适应社会的前提,提高山区儿童的社会适应力,重点要放在学生行为习惯的养成上。虽然学生家长主动与教师联系的比例(相对次数)与2004年比较有明显的提高,但家长与学校联系的绝对次数并不多,而且大多数都是就学生的学习成绩进行讨论,忽视了学生行为习惯的养成。为此,校方应主动与学生家长联系,尤其是要经常与在外打工的家长沟通,谈论的重点应放在学生积极生活态度,以及良好行为习惯的养成上,让家庭教育和学校教育形成合力,营造一个适合学生成人的环境。

总之,虽然近几年农村学生的生存环境明显改善了,但仍然存在一些问题,比如辍学现象依然存在、部分学生存在温饱问题、学生学习动机和习惯等,为确保学生有一个良好的学习、生存环境,提升农村学生社会适应力和以后的社会竞争力,教育部门、学校和家庭应紧密配合,形成合力。

第二节 山区儿童职业指导

山区儿童要很好地适应社会,乃至获得人生的发展,就需要认知自我,结合社会的发展进行职业规划。国外的孩子从幼儿园就开始接受职业生涯规划理念的教育,而国内的职场人士只有在撞到南墙的时候,才对自己的职业发展产生疑问,许多人愿意花一个礼拜甚至一个月的时间去计划一次休假、一次旅行,却不愿意花少许时间去进行事关自己一生的职业生涯规划。

一、职业规划

职业规划是由"职业指导"发展而来的。职业指导最早产生于20世纪初的美国,其基本宗旨是帮助失业青年和移民制订寻找职业的计划,即主要通过对职业进行分析,为求职者提供信息,介绍职业。1908年,美国波士顿的一位律师兼工程师弗兰克·帕森斯在波士顿市建立了职业局,从事职业咨询工作,并在波士顿市的中学里设立职业指导所。不久,一些发达的西方国家纷纷效法美国,研究和实施职业指导,终于在20世纪兴起了以美国为中心的职业指导运动。

随着心理学、工业心理学和职业心理学等学科的发展,职业指导的理论和模式不断完善,职业指导逐步成为一门完整的学科,形成系统的指导方法。国外的职业规划已渗透到整个教育系统中,包括对中小学生进行的职业指导。学校职业指导是按照学生的兴趣、爱好与能力等品质因素,指导学生正确认识职业、体验职业和选择职业的一种活动或课程。

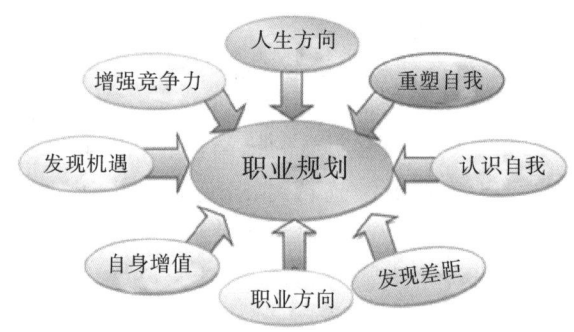

图 8.1　职业规划让我们人生目标明确,有助于创造美好的人生

西方发达国家一直比较重视职业生涯的设计和规划,许多国家的学校教育中早就有"职业设计辅导"这一课程,甚至在发达国家,职业规划已经成为一项产业,每 3000 名求职者就配有一名职业规划师。而根据对上海市的调查,平均每万个求职者只分到一个职业指导人员,远不能满足就业大军的需要。

二、职业规划的重要性

忽视对学生进行职业生涯教育,易使大部分中学生对自己的未来缺乏责任感,也不知道自己的兴趣所在,往往依赖父母选择学习的专业和从事的职业。一旦进入大学或走上工作岗位,发现自己缺乏兴趣或不能胜任自己的学习和工作,将丧失学习和工作的动力。这点在农村中学尤为明显。

因此,做好学生职业指导工作,充分发挥职业规划的作用,才能促进农村学生发挥潜能,创造美好的人生。结合中学实际,职业规划具体体现为中学职业指导,在中学开展这项工作具有十分重要的作用。

第一,学校职业指导有助于教育与社会的结合。学校是社会新增劳动力"储存"与培养的基本机构,企业是用人的主体,职业指导则是两者之间不可缺少的桥梁。职业指导既帮助学校了解社会需要,培养目标具有针对性,又是学校面向社会的一个窗口,通过用人单位对毕业生使用情况的反馈,来指导学校提高教育质量,增强教育的适应性,最终促进教育与社会的结合。

第二,职业指导有助于教育结构的调整。教育结构是指学制所规定的各级各类学校及其专业的设置和学生人数之间的比例组合。衡量一个国家的教育结构是否合理,主要是看这个国家教育事业发展的水平,以及培养人才的数量和质量能否符合国民经济建设和社会发展的要求。而职业指导对社会职业变动及其对人才的需求趋势进行综合分析,预测社会对人才需求的趋势及其专业构成,有效地指导教育结构的调整,以增强教育的社会适应性和服务社会的主动性。

第三，职业指导有助于学校做好分流工作。学生的分流问题从中学阶段即已开始，其目的在于造就多层次、多规格的人才，以适应经济建设对人才的不同需求。学校分流有助于学生根据自己的个性和学业潜力，合理选择自己未来的发展方向，促进社会人力资源的合理配置。

因此，职业生涯基础教育不可或缺，应对中学生进行职业生涯指导。职业规划教育要分阶段地把职业生涯教育融入教学活动中。[①]

三、学会规划职业生涯

（一）职业生涯规划的基本步骤

1.确定志向

志向是事业成功的基本前提，没有志向，事业的成功也就无从谈起。俗话说："志不立，天下无可成之事。"立志是人生的起跑点，反映着一个人的理想、胸怀、情趣和价值观，影响着一个人的奋斗目标及成就的大小。在制订职业生涯规划时，首先要确立志向，这是制定职业生涯规划的关键，也是职业生涯中最重要的一点。

2.自我评估

自我评估的目的是认识自己、了解自己。因为只有认识了自己，才能对自己的职业作出正确的选择，才能选定适合自己发展的职业生涯路线，对自己的职业生涯目标作出最佳抉择。自我评估包括对自己的兴趣、性格、学识、技能、智商、思维方式、道德水准以及社会中的自我等进行评估。

3.职业生涯机会的评估

职业生涯机会的评估，主要是评估各种环境因素对自己职业生涯发展的影响，每个人都处在一定的环境之中，离开了这个环境，便无法生存与成长。在制订个人的职业生涯规划时，要分析环境条件的特点、环境的发展变化情况、自己与环境的关系、自己在这个环境中的地位、环境对自己提出的要求以及环境对自己有利的条件与不利的条件等。只有充分了解这些环境因素，才能做到在复杂的环境中避害趋利，使自己的职业生涯规划具有实际意义。

环境因素评估主要包括：（1）组织环境；（2）政治环境；（3）社会环境；（4）经济环境。

4.职业的选择

职业选择正确与否，直接关系到人生事业的成功与失败。据统计，在选错职业的人当中，有80%的人在事业上是失败者。正如人们所说的"女怕嫁错郎，男怕选错行"。由此可见，职业选择对人生事业发展是何等重要。如何才能选择正确的职业呢？至少应考虑以下几点：

---

① 潘建华，严淑琴.美国中学职业生涯规划教育及其启示[J].现代教育，2002(2):106-107.

(1)性格与职业的匹配。
(2)兴趣与职业的匹配。
(3)特长与职业的匹配。
(4)内外环境与职业是否相适应。

5.职业生涯路线的选择

在确定职业后,向哪一路线发展,此时要作出选择。即,是向行政管理路线发展,还是向专业技术路线发展;是先走技术路线,再转向行政管理路线……由于发展路线不同,对其要求也不相同。因此,在职业生涯规划中,须作出抉择,以便使自己的学习、工作以及各种行动措施沿着你的职业生涯路线或预定的方向前进。通常职业生涯路线的选择须考虑以下三个问题:

(1)我想往哪一路线发展?
(2)我能往哪一路线发展?
(3)我可以往哪一路线发展?

对以上三个问题进行综合分析,以确定自己的最佳职业生涯路线。

6.设定职业生涯目标

职业生涯目标的设定是职业生涯规划的核心。一个人事业的成败,很大程度上取决于有无正确适当的目标。只有树立了目标,才能明确奋斗方向,目标犹如海洋中的灯塔,引导你避开险礁暗石,走向成功。目标的设定,是在继职业选择、职业生涯路线选择后,对人生目标作出的抉择。这一抉择是以自己的最佳才能、最优性格、最大兴趣、最有利的环境等信息为依据。通常目标分短期目标、中期目标、长期目标和人生目标。短期目标一般为一至两年,短期目标又分日目标、周目标、月目标、年目标。中期目标一般为三至五年。长期目标一般为五至十年。

7.制订行动计划并采取措施

在确定了职业生涯目标后,行动便成了关键的环节。无论什么目标,没有行动,目标就难以实现,也就谈不上事业的成功。这里的行动,是指落实目标的具体措施,主要包括工作、训练、教育、轮岗等。例如,为达成目标,在工作方面,你计划采取什么措施提高你的工作效率?在业务素质方面,你计划学习哪些知识,掌握哪些技能以提高你的业务能力?在潜能开发方面,采取什么措施开发你的潜能等,这都要有具体的计划与明确的措施。并且这些计划需特别具体,以便于定时检查。

8.评估与回馈

俗话说:"计划赶不上变化。"是的,影响职业生涯规划的因素诸多。有的变化因素是可以预测的,而有的变化因素难以预测。在此状况下,要使职业生涯规划行之有效,就须不断地对职业生涯规划进行评估与修订。其修订的内容包括:职业的重新选择;职业生涯路线的选择;人生目标的修正;实施措施与计划的变更;等等。

(二)生涯规划中应注意的问题

生涯规划是人生的大事,执行的时间长,任何人在漫长的数十年中,都可能遭遇到许多无情的冲击,若得不到外力支持,就可能一蹶不振。所以再好的生涯规划,若缺乏以下准备条件,犹如镜中看花,无法实现。

(1)应有贯彻执行的毅力与决心。生涯规划是一生的计划,若缺乏克服困难的毅力与贯彻始终的决心,势必无法达成目标。

(2)能接纳建言,适时调整自己。切莫固执己见,关闭与外界沟通之管道。应待人诚恳、信守承诺,能接受批评,借以调整自己,让自己更加稳健成熟,更容易成功。

(3)善用社会资源充分发挥效能。执行生涯计划,有可能因个人或家庭资源的匮乏而影响执行成果,甚至无力继续执行,此时宜广泛运用政府、民众团体、慈善团体、财团法人基金会的既有资源,如此必能有效完成既定目标。

(4)适度调整生涯规划内涵与目标。生涯规划应随着社会变迁,在个人不同的成长阶段随时进行调整。若因对社会的认知广度与深度不足,或者本身在职业所需各方面的条件均有限,成熟度不够,面对处于快速变迁的环境,不能对自己的生涯规划适时调整,既定的生涯规划就不合时宜,便很难达到目标。

四、基础教育阶段职业生涯的内容

从世界基础教育发展的趋势看,基础教育除了使学生学会读、写、算和日常生活所需要的技能之外,还使学生学会解决问题和学会实践,增强寻求就业机会的能力和公民意识。

从广义上理解,学校的一切课程与教育活动都属于基础教育阶段的生涯教育范畴,因为其目的都是学生的终身发展;狭义地说,应当是指为帮助学生进行生涯设计、确立生涯目标、选择职业生涯角色、寻求最佳生涯发展途径的专门性课程与活动。生涯教育的内容是很广泛的,它涉及人生发展的方方面面。但归纳起来主要有四个层面:

一是学习如何生活,让自己从一个自然人成为社会人;学会照顾自己的生活,不依赖别人;学会参与社会活动,成为一个有效的公民。

二是学习如何学习,要利用学校教育来发展自己的潜能,增进知识,提高解决问题、创造与批判思考的能力;不但获得知识,而且获得开启知识宝库的钥匙,学习自我学习的方法。

三是学习如何谋生,不仅要习得一技之长以谋生,更要一专多能,掌握各种现代文明社会生存所必需的技能。

四是学习如何爱,爱与被爱是人类生存之必需,要从自知与知人开始,进而爱己、爱人,助己、助人。

不同年龄阶段儿童生涯发展的任务不同,因而在中小学生涯发展教育的侧重也应有所不同:幼儿园到小学六年级主要任务是生涯认知,包括个体对自我、职业角色、工作的社会角色、社会行为及自身应负的责任等方面有初步的认识,使个体对生涯的意识初步觉醒。在自我完善与实现中,促进社会的和谐与发展,从而缔造一个有意的人生。

初中段主要任务是生涯探索,包括个体发展有关自我和职业世界的知识和基本技能;探索生涯方面的知识和其他有关生涯选择的重要因素;掌握一定的生涯决策和规划的技能。

高中阶段主要任务是生涯准备,包括个体进一步掌握进入某一个行业所需的知识、相关的职业道德;进一步了解社会的需求和个体自身的需求,明了自身能力倾向、对职业的兴趣和价值倾向;拟定接受高中后的教育或其他训练计划。

从上可以看出,中学阶段是生涯发展教育的密集阶段,也是实施生涯发展教育的重要时期,个体中学阶段生涯发展任务的完成情况,直接关系到未来生涯的整体发展。[①]

五、学会独立生活

有人说"独立是一个人成熟的证明,是一种长大的标志"。

教育专家认为,进行挫折教育的目的是使孩子在现实生活中具有独立生存的能力,面对挫折能独立较好地解决问题。培养孩子的独立处事能力和抗挫能力,父母具有重要作用。父母可以引导孩子从小就单独居住自己的房间,自己活动,锻炼独立生活能力幼儿从3岁开始,就可以独立入睡,自己吃饭、如厕、穿衣服、整理床铺、收拾玩具。对此,家长和老师对孩子的要求要一致,教养态度也应一致,每天进行反复练习,反复提示,严格要求。还可以让幼儿在很小的时候分担家务,例如打扫房间、替父母买东西等。在这些过程中孩子常常会遇到困难挫折,父母应鼓励他们独立解决,在面对和处理这些自然挫折的过程中,使他们进一步地成熟起来,提高独立处事、独立生活的能力。

独立生活需要具备哪些能力?

第一,要树立独立生活的意识。要学会承认各人有独自的生活习惯和价值体系,同学生活在一起,要学会相互理解,接受彼此的生活方式。如果别人的生活方式有碍于自己的生活方式,就需要委婉地提出意见。

第二,提高适应新环境的能力。

第三,学会处理校园中的人际关系。做到对人宽,对己严,切记勿以自我为中心。在平时的生活中要积极主动。

第四,培养生活自理能力,养成良好习惯。合理安排作息时间,进行适当的体育锻炼和文娱活动。

第五,注意自身安全。

独立是一个人的人生必须经历的过程,它告知我们需要靠自己来面对将要遇到的一切,引领我们走向未来。

[①] 李金碧.生涯教育:基础教育不可或缺的领域[J].教育理论与实践,2005(7):15-18.

媒 体 库

一、资源拓展

1.视频赏析

《缺失的爱:12岁的夜晚,只有一束手电光》

https://v.youku.com/v_show/id_XMzY5MzQ4NDg0.html? spm＝a2h0k.11417342.soresults.dtitle

2.体验与感悟

(1)从乡村到城镇,或从城镇到乡村细心体会一下适应的过程。

(2)自己是如何适应上学的?

3.讨论

结合实际,谈谈如何提高自己的社会适应能力。

二、阅读

不良的学习习惯

学习习惯不良是一类有碍于学生成长的学习行为习惯的统称,包括影响学生在知识技能学习过程中学习效率的不好的行为方式,比如,课堂上爱喧闹、做作业拖拉等,也包括学生成长过程中不好的学习态度,比如好事不爱学,坏事却学得快;正事学不进,闲事却精得很。学生良好的学习习惯总是整齐一致的,但不良的学习习惯却五花八门,严重影响了学生的学习和成长。

良好学习习惯的养成,有几个重要的时间点。一是小学低年段的行为养成阶段,影响深远,不可忽视。其习惯养成的关键在于,老师是否科学应用表扬和强化,是否真正把整个训练过程化作"快乐学习"过程。强制管理、训斥处罚,把学生当猴子来管教,会毁掉孩子一辈子的良好的学习态度和学习动机。

二是大年段的过渡期,小学一年级、小学四年级(转折)、初中一年级、高中一年级等。这些时期都有重要的思维学习习惯的适应与养成的需要。此时新习惯的养成非常重要。而任课老师对每一位学生的倾力爱心和细致关心,将起到春风化雨、复苏万物的神奇效果,老师人格当中的一个"爱"字了得!学生喜爱上课的老师,就会爱上老师的课,不仅如此,学生这份喜爱还会化作神奇的智慧去积极思考,有充足的动力形成新的思维记忆习惯,学生成绩上去了,智商技能等也上去了。

那么,学生已经形成了不好的学习习惯,老师该怎么办呢?笔者以学习依赖作为例子展开做个介绍。

学习依赖是指学生在学习上依靠他人的指导,需要他人帮助或监督才能顺利完成学习的心理或行为习惯。其主要表现有:在主动性上,不能积极主动地学习;在学习方法上,刻板,没有变通,不能举一反三地思考问题;在学习态度上,被动,等待老师提出要求或计划,期待老师的点拨,甚至希望别人直接告诉方法或答案;在人格特征上,不能独立自主地结合学习内容(如作业题)作出决定,并克服困难,坚持完成学习任务。

教会学生敢于和善于做决定,并为此负责,是改变学习依赖的普遍性策略。在整个处理过程中,老师的爱心、细心很重要,同时还要注意贯彻"快乐学习"的原则。下列处理步骤供大家参考。

(1)鼓励学生学会做简单的学习问题的决定,独立执行后再及时给予鼓励,细微进步接连及时鼓励。依此反复训练,直至勇于做决定之后,进入下一步骤。

(2)鼓励学生作出连贯的"小事"计划,独立落实后给予鼓励,并结合日常学习进行反复训练。

(3)鼓励学生制订短期或近期学习计划,独立落实后给予鼓励,并反复训练。

(4)鼓励学生制订中期学习计划,独立落实后给予鼓励,并反复训练。

上述4个阶段需循序渐进,不可跳跃或过速,切实训练其独立决定、独立计划并独立落实的能力和性格,并使其在每一个环节中切实体验到训练的成效感和成就感。其中,让学生在成就体验中获得快乐,是成功解决学习依赖问题的关键。

(引自连榕.学校心理健康教育读本[M].北京:教育科学出版社,2012:295-297.)

参考文献

[1]孔维民.适应的分型与适应能力的培养[J].淮北煤矿师院学报,1991(3):65-69,80.

[2]贾晓波.心理适应的本质与机制[J].天津师范大学学报(社会科学版),2001(1):19-23.

[3]陈建文,王滔.关于社会适应的心理机制、结构与功能[J].湖南师范大学教育科学学报,2003(4):92-93.

[4]杜艳妮.土地流转背景下农村留守儿童教育现状的研究——以湖北省秭归县为例[D].武汉:华中农业大学,2012:45.

[5]黄巧香.论大学生良好人际关系的建立[J].邵阳学院学报,2004(6):116-118

[6]沈烈敏.王玉凤生涯规划教育的理论与实践[J].教育探索,2007(4):65-66.

[7]龙立荣,方俐洛,凌文辁.职业成熟度研究进展[J].心理科学,2000(5):595-598.

[8]粟晏.霍兰德人格类型论在大学生职业辅导中的应用[J].科技创新早报,2009:144-145.

[9]李馨.美国20世纪70年代后中学职业生涯教育研究及启示[J].东北师范大学,2008.

[10]郑超.影响个人职业生涯发展的因素[J].中等职业教育,2004(15):18.

[11]陈会昌.德育忧思录[M].北京:华文出版社,1999.

[12]时蓉华.社会心理学[M].杭州:浙江教育出版社,1998.

[13]曲振国.大学生就业指导与职业生涯规划[M].北京:清华大学出版社,2008.

[14]严中华.大学生自我管理技能开发[M].四川:华南理工大学出版社,2003.

[15]刘文国.非智力素质开发与应用——自我教育[M].青岛:中国海洋大学出版社,2006.

[16]郑春晔,吴剑.大学生涯与职业规划[M].北京:经济科学出版社,2009.

[17]郑日昌.大学生心理健康——自主与自助[M].北京:高等教育出版社,2007.

[18]蒋自立.自我教育新论[M].北京:化学工业出版社,2009.

[19]孙云晓.唤醒巨人——成功教育启示录[M].合肥:安徽少年儿童出版社,2003.

[20]柳建营,许德宽,郭宝亮.职业生涯规划与指导[M].北京:北京工业大学出版社,2004.

[21]罗双平.职业选择与事业导航——职业生涯规划技术[M].北京:机械工业出版社,2008.

[22]王研,李梅.职业生涯规划[M].北京:中国农业大学出版社,2006.

[23]卜欣欣,陆爱平.个人职业生涯规划[M].北京:中国时代经济出版社,2004.

[24]连榕.学校心理健康教育读本[M].北京:教育科学出版社,2012:295-297.

第九章 山区儿童的未来

从全面建成小康社会和全面建设社会主义现代化强国的角度看,我国最艰巨、最繁重的任务在乡村,最广泛、最深厚的基础在乡村,最大的潜力和后劲也在乡村。乡村教育是新时代做好"三农"工作的重要抓手,必须落实好这个先手棋。随着乡村的振兴,乡村儿童教育也提到议事日程,乡村教育的春天已经到来了。

第一节 山区儿童的未来观

党的十九大报告中明确提出实施乡村振兴战略,乡村教育的振兴是乡村振兴的重要组成部分。乡村的振兴离不开大量的人才,乡村教育的振兴也是振兴乡村十分关键的一环,它可以培育具有乡村技能的人才,为乡村振兴提供智力支撑。山区儿童的未来充满着机遇和挑战,积极参与社会的发展,迎接世界的挑战是乡村儿童面临的未来。

一、未来观

（一）未来是个体基于现实发展的理想

未来观是基于探讨个人预期、构思未来和如何引导目前行动与抉择应运而生的一个观念,是一个人对自我的目标制定和战略决定。鲁米(Nurmi,1987)指出未来观是指一个人对未来的预思考和规划。

树立未来观念,从现在起就要为21世纪建设做人才准备,必须从新的时空观出发,瞄准国家和学生的未来,实行教育改革。改革教育使学生适应未来,最主要的是发展学生的智力,培养学生能力,包括运用信息的能力、分析问题和解决问题的能力、社会活动能力等。目前的教育方法仍属以继承前人知识为特征的传统教育,培养出来的是"继承型"人才。这种人才在当今社会有三个不适应:

一是不适应"知识爆炸"时代的需要。继承型人才把脑子当成储存知识的"仓库",但是新知识增长像核裂变那样迅速,使大脑这个"仓库"无法包容。

二是不适应新技术革命挑战的需要。新技术革命需要人具有自学能力,有工作和不断创新的能力,但继承型人才缺乏这种能力,他们常常是从书本中来,到书本中去,知识简单循环不能增值,在新技术革命的挑战面前常打败仗。

三是不适应改革形势的需要。改革需要以开拓精神发展新技术、新工艺、新产品。

而继承型人才经常是墨守成规,很难跳出旧框框,迈出改革的新步伐。另外,从知识使用率上看,现代人的大部分知识还得在入职后靠自学能力和创造能力来获取。科学家和教育家的调查都表明,从幼儿园到大学的学习全过程,整个学校教育所传授给学生的知识,只占科学家、教授、工程师等高级学者一生中所有知识总量的 20%～25%,其余的 75%～80% 到工作岗位上自学才能得到。因此当前学校不能只发展学生的"执行性才能",而要注重发展学生的"创造性才能",处理好知识与能力、理论与实际、全面打好基础与发展个性特长的关系。只有这样才能由"继承型"教育转向开发智力的"创造型"教育。

(二)人类命运共同体

人类命运共同体这一全球价值观包含相互依存的国际权力观、共同利益观、可持续发展观和全球治理观。这个观念基于全球一体化,人类有一个共同的地球,是寻求人类共同美好的伟大胸怀。

全球一体化,一般被称为世界经济的全球一体化,是在经济全球化发展的基础上,由各国(地区)政府间签订一系列的协议和条约并建立相关的具有法律约束力和行政管理能力的国际经济合作组织,将各国(地区)之间形成的经济融合关系从法律和组织上确定下来。可见,全球(经济)一体化是经济全球化在制度上和组织形式上的体现。

2013 年,丝绸之路经济带和 21 世纪海上丝绸之路的提出,让一带一路走进了中国人的心中,也融入世界人民的生活,影响了一群又一群的人。一带一路的倡议为经济全球化设定了责任目标,为未来经济发展勾画了蓝图。中国倡导一带一路不仅是致力于中国国内经济的发展,也是促进全球一体化的行动规划。

一带一路取得的成绩有目共睹,中国援非医疗队与当地人民的故事、外国留学生在中国创业的故事仍然在世界各处演绎。增强一带一路沿线国家对这一倡议的认知是我们的责任,也愿将来一带一路成为世界经济发展、文化交流的最好平台。促进全球一体化,让世界人民都像一家人那样没有战争、没有贫穷、没有饥饿、一团和气地生活是我们共同的心愿。

人类命运共同体指在追求本国利益时兼顾他国合理关切,在谋求本国发展中促进各国共同发展。人类只有一个地球,各国共处一个世界,要倡导"人类命运共同体"意识。2018 年 3 月 11 日,第十三届全国人民代表大会第一次会议通过的《中华人民共和国宪法修正案》,将《宪法》序言第十二自然段中"发展同各国的外交关系和经济、文化的交流"修改为"发展同各国的外交关系和经济、文化交流,推动构建人类命运共同体"。

合作共赢,就是要倡导人类命运共同体意识,在追求本国利益时兼顾他国合理关切,在谋求本国发展中促进各国共同发展,建立更加平等均衡的新型全球发展伙伴关系,同舟共济,权责共担,增进人类共同利益。

人类命运共同体意识超越种族、文化、国家与意识形态的界限,为思考人类未来提供了全新的视角,为推动世界和平发展给出了一个理性可行的行动方案。地球似一艘大船,190 多个国家就是这艘大船的一个个船舱。世界各国只有相互尊重、平等相待,合作共赢、共同发展,实现共同、综合、合作、可持续的安全,坚持不同文明兼容并蓄、交流互鉴,承载着全人类共同命运的"地球号"才能乘风破浪,平稳前行。

在当前环境下,学生的未来观主要是积极参与社会活动,增强社会责任感;热爱祖国,有民族的自信,具有一定的国际观。作为农村的学生要积极关心社会的发展,关注国家的命运,为中华民族屹立于世界民族之林而发挥应有的作用。

二、山区儿童的未来

(一)社会责任感

社会责任是社会法和经济法中规定的个体对社会整体承担的责任,是由角色义务责任和法律责任构成的二元结构体系。责任分为两种:第一种是指应做的事,如职责、岗位责任等。这种责任实际上是一种角色义务责任或者说是预期责任。第二种是因没有做好分内之事(没有履行角色义务)或没有履行助长义务而应承担一定形式的不利后果或强制性义务,即过去责任,如违约责任、侵权责任等。

社会责任又可分为"积极责任"和"消极责任"。积极责任也叫预期的社会责任,它要求个体采取积极行动,促成有利于社会(不特定多数人)的后果的产生或防止坏的结果的产生。消极责任或者说过去责任、法律责任,则只是在个体的行为对社会产生有害后果时,要求予以补救。

社会责任感,指的是在一个特定的社会里,每个人在心里和感觉上对其他人的关怀和义务。具体说,就是社会并不是无数个独立个体的集合,而是一个相辅相成、不可分割的整体。尽管社会不可能脱离个人而存在,但是纯粹独立的个人是无法生存和延续的。也就是说,没有人可以在没有交流的情况下独自一人生活。所以我们一定要有对社会负责、对其他人负责的责任感,不能仅仅为自己的欲望而生活,这样才能使社会变得更加美好。

全球一体化需要中国消灭城乡差别,建立一体化的发展思想,倡导富强、民主、文明、和谐,奉行自由、平等、公正、法治,追求爱国、敬业、诚信、友善。这就需要山区儿童克服小农意识,以主人翁的姿态积极参与社会活动,未来要具有社会责任感和国际意识。

(二)国际观

国际观反映的是公众对国际事务的态度,体现的是对于国际事务的整体的、全面的看法,而不是对个别政治事件、个别人物的态度。因此,国际观具有相对的普遍性和稳定性[1]。中国社会科学院组织的国际观研究也将国际观定义为公众对于国外和国际问题的各种看法和态度[2]。

---

[1] 韩冬临.想象的世界:中国公众的国际观[M].北京:社会科学文献出版社,2012:25-27.
[2] 李慎明.中国民众的国际观(第2辑)[M].北京:社会科学文献出版社,2009:1.

我国学者吴焕烘等人的研究将国际观的内容归纳为三个方面：情意方面，包括对国际事务的兴趣、对国际文化的敏感度、不以自我为中心和博爱精神等；认知方面，对国际常识和知识的了解；技能方面，有一定的外语能力，能够出国旅行等。另一位学者孙庆国认为外语能力、国际知识、国际经验以及对国际事务的态度是国际观应该包含的内容。

池步云和樊建从和谐世界理念出发，认为当代国际观内涵的构成应该包括合作与竞争理念、和平与发展理念、开放与和谐理念以及共生与创新理念。易佑斌和易春也从和谐世界理念的提出及实践中指出赋予时代内涵的国际观应包含全球观、和谐观、发展观、共生观和合作观等价值观内容。

综上所述，国际观界定为：对外国国家和国际常识的了解，拥有一定外语能力，对外国和国际事务的看法和态度，对世界各国、各地区、各民族不同自然地理、民俗风情、民族性格和文化的态度。包括了知识、能力、态度三个层面[①]。

1. 知识层面

国际观中的知识层面是公众对国际事务进行价值判断的基础，只有多接受国际发生的信息，对他人他国多了解，对国际问题与国际体系多了解，才能促使正确国际观的形成。小学生国际观的知识层面就是小学生对外国国家和国际常识的了解和认识，知道"其他国家是什么样子的""我们处在什么方位"等。

2. 能力层面

国际观中的能力层面是指与他国他人交往合作的能力、接受国际信息的能力、认识外国文化的能力、与他国他人沟通的能力、批判辨别能力等。对于小学生来说，就是要具有一定的外语能力、学习能力、观察能力以及是非辨别能力。

3. 态度层面

国际观的态度层面包含了对国际问题的关心和参与意识、对跨文化价值的接受、对他国他人的尊重、宽容的态度、规则意识等。就小学生的国际观而言，就是接受并尊重世界各国、各地区、各民族不同的风俗文化等，跳脱自我中心主义。

在国际化和全球化的影响下，中国与世界正变得越来越密不可分，中国公民已经或正在成为世界公民，中国要在国际舞台上取得良好的发展，公众的对外态度有着非常重要的意义。这说明，在全球化大潮下的今天，培养宽广的世界眼光，树立与今日中国之身份、中国公民之身份相匹配的国际观已成为国人面临的一个重要现实课题。

三、培养山区儿童未来观的意义

（一）责任感是爱国的表现

我们以往教育孩子只关注学习成绩，却忽视了社会公共意识的教育，结果使孩子目

---

① 薛安琦.小学生国际观及其影响因素[D].苏州：苏州大学，2016：10-11.

光短浅，比较自私，心胸狭窄，没有大目标，对社会没有责任感。这种教育状况下的学生对祖国、对民族都感情淡漠。如果这样持续下去，对我们国家的未来，对我们民族的未来是一个极大的威胁。如果孩子只对学习有职责，那么他诸多的社会责任心就不会建立起来。比方说对家庭的责任，对社会的责任，对国家的责任，对民族的责任。如果对孩子进行社会责任的教育，他会把社会、他人放在心上，他觉得生活的意义不是为了自己，不是为了自己一时的快乐，而是要克服各种困难，担负起这些责任，孩子有了责任感，他的情况就不一样了。因此，我们在家庭教育当中应该认清这种教育形式，对孩子进行一个全面的培养。

（二）责任感是个人成熟的品质

培养责任感，不但关系到孩子的发展，关系到孩子现在的学业的发展，思想的发展，情感的发展，也关系到他未来的一个大的志向，这个志向是他人生成功的保证，所以我们说，培养孩子的社会责任感的意义是非常重大的。现在很多的孩子把学习视为老师的事情，甚至是家长的事，自己根本没有承担这份责任。如果是这样的话，他的学习的质量，学习的劲头，学习的效果就大大地打折扣了。

（三）学校忽视了责任感的教育

应试教育的局面已经走到了一个非常极端的状态，它的标志就是我们的孩子每天都忙于学习文化课，忙于做作业，忙于参加各种学习班，孩子所有的精力都用在这上了，就是为了能得一个高分，能排名好，能考一个好学校。他们每天生活的方式就是学习，就是提高成绩，就是打高分，这样一来，孩子的很多方面就无法发展起来。比方说他对社会的责任感，比方说他的思想品德的发展，比方说他的情感的发展，比方说他的人际关系的发展等，这些都被忽视了，因为孩子没有闲暇的时间去做这些事情，这样一来孩子的发展就偏执了，最后孩子也会厌学。因此，我们这种教育形式对孩子的教育是非常不利的，很多专家都在呼吁终止这种教育形式，一定要让孩子有一个全面的发展，有一个开心的童年，这样才是对的。

（四）国际化是国家发展的需要

随着全球化趋势的日益加强，通过自身改革开放不断发展的中国逐步融入现存的国际体系，与世界各国的联系日益密切。"一带一路"的举措使中国经济与世界经济紧密相连，相互影响；"人类命运共同体"使中国始终存在于国际政治体系之中。随着改革开放的深入，中国越来越走向世界，成为各个国际组织的参与者。

中外的交流也越来越密切，中国不仅积极学习借鉴世界各国的优秀文化以及先进的教育理念，而且近年来不断推动中国文化和优秀传统教育走向世界舞台。

（五）国际观教育是世界教育的大趋势

联合国教科文组织在1994年召开的"国际理解教育总结与展望大会"上曾提出，新时期国际教育的任务是：让青少年在对本民族文化认同的基础上，了解别国历史、文化、社会习俗的产生、发展和现状。学习与其他国家人们交往的行为规范和技能，并建立人类共同的基本价值观①。21世纪以来,世界各国无不致力于推动中小学国际教育,欧盟教育政策甚至明订师资培育教育一定要纳入国际观教育方案与课程(Dooly & Villanueva,2006)②,因为培养正确的国际观、开拓国际视野,以及学习尊重不同种族、风俗和文化一定要从小开始,才能更有成效。

(六)学校是国际观教育的主战场

我国《国家中长期教育改革和发展规划纲要(2010—2020年)》也提出,未来中国教育的目标是培养具有国际化能力的人才。显然,树立正确的国际观是培养国际化人才的前提,这说明教育改革已经开始着眼于学生的国际观培养。小学教育作为教育的基础阶段,也是学生开始形成国际观的基础阶段,"基础"对于任何教育而言都起到重要的奠基作用,国际观教育也不例外。小学生是国家未来发展的生力军,将来他们在小学阶段形成的国际观基础上逐渐树立的国际观是国家与民族的希望,若干年后,将直接影响着国家对国际社会的判断和具体的国际行为。

四、山区儿童未来观的现状

(一)社会责任感

1.认知模糊,社会责任感不强

农村小学生在社会责任感认知方面,缺乏清楚明确的认识。不知道社会责任感是什么,在日常的学习生活过程中,也不知道社会责任感对自己的行为要求是什么,对于社会责任感的认知比较模糊,社会责任感意识不强。小学生对待他人缺乏关心爱护意识,对社会事务不关心,对与自己无关的事情不关心,缺乏集体责任感,行为表现得比较自私。

2.家庭对孩子的教育不足

家长的知识文化水平、社会素养、公德意识等,对孩子的社会责任感有着直接的影响。农村小学生的父母文化水平一般较低,在教育孩子的理念和方法上,和城市孩子的父母还存在一定认知和培养上的差距。不少学生的父母,在考试成绩方面对孩子要求非常高,而在社会责任感方面,还不够重视,这就导致小学生社会责任感方面的家庭教育不足。

3.容易受到不良社会文化环境的影响

农村地区整体的社会文化环境因素不利于小学生社会责任感的养成,农村地区的社会文化发展水平不高,同现代社会主义和谐社会的文化发展、文明发展要求还存在一定的差距。另外,农村地区存在的一些不良社会风俗习惯,也容易给小学生的社会责任

---

① 朱兴德,程宏.开展国际理解教育,培养学生全球视野[J].思想理论教育,2010(18):4-8.
② 吴焕烘,黄月纯,张宇梁.两岸城市小学生国际观之研究[C/OL].(2014-12-12)[2018-09-09]. http://www.doc88.com/p-9773653967363.html.

感培养带来负面作用,这些社会文化层面的影响,往往是潜移默化的,久而久之就导致农村小学生社会责任感整体呈现不强的状态。

4.学校教育不够重视

农村小学在社会责任感教育方面不够重视,尽管素质教育已经推行了多年,但是在不少农村地区,小学教育阶段还是以应试教育为主,德育为辅。教师在教学过程中,主要讲述基础文化课知识,对学生们的社会责任感关注不足,从而导致了学校教育层面的缺失。

(二)国际观

1.女生优于男生

小学高年级男生和女生的国际观之间存在差异,女生的国际观平均得分高于男生。女生在国际经验与思维、家长经历与作为和跨文化理念与作为三方面全部都要优于男生,差异最显著的是家长经历与作为这个方面,女生明显优于男生。

2.母亲的学历最影响孩子

父母亲学历相对较低的学生国际观平均得分较低。其中,父亲学历为初中的,母亲学历为小学或以下的学生国际观平均得分最低。父母亲学历为硕士或以上的学生国际观平均得分最高,且父母的学历与小学生国际观的相互关系中,母亲的学历对小学生国际观的影响更大。

3.有出国经验的高于没有出国经验的

没有出国经验的学生国际观平均得分较低,且低于学校整体的均分。没有出国经验的学生在国际经验与思维、家长经历与作为和跨文化理念与作为三个维度上的平均分均低于有出国经验的学生,差异高度显著。

4.有国外朋友的优于没有国外朋友的

有国外朋友的小学生与没有国外朋友的小学生国际观差异最大。有国外朋友的小学生在国际经验与思维、家长经历与作为和跨文化理念与作为三个方面得分都比没有国外朋友的小学生要高很多,差异特别大。

5.上网的学生明显好于不能上网的学生

家里具有因特网连接设备的小学生国际观知觉程度好于家中不具备因特网连接设备的小学生。其中,在国际经验与思维方面差异最显著。每周上网次数对国际观知觉程度也有显著影响。每周上网2~5次的学生在国际经验与思维、家长经历与作为和跨文化理念与作为三方面得分都高于每周只上网1次的学生。

五、提升学生未来观的方法

(一)引导小学生明确责任,发自内心去认可

在教育培养农村小学生社会责任感的过程中,要引导他们明确自己的责任,通过明确责任,让孩子们发自内心去认可。例如:对于学生来说,学习是他们首要的任务。通

过事例告诉他们:作为学生,对待学习必须尽心尽责,不能马虎,不能得过且过。除了引导学生明确学习是自己的责任,班主任要对班里的值日制度、班干部职责等进行细化,将每一项事务落实到个人。这种措施对于培养农村小学生的社会责任感具有很好的效果。

还要让孩子知道自己的事必须自己做,比方说早晨起床,整理床,打扫卫生,整理文具,洗漱,洗澡,洗衣服,洗碗等,这些事情是他应该做的。我们要培养孩子从一点一滴开始,让他尽力而为,让他用自己的、有限的能力去做和他有关的、自己的事情。

(二)丰富课外实践活动,关心国际国内时事

学校要定期组织学生参加一些农村地区的公益活动,如为老年人献爱心、集体植树、帮助贫困家庭、打扫农村公益健身器材等,在参加这些活动的过程中,小学生们知道可以通过自己的努力去帮助他人,能够为农村集体提供更加整洁的环境。还可以让学生们进行义务帮扶活动,针对农村地区一些老年人家庭,定期组织小学生给老年人递送报纸、送水等活动,也能够起到良好的教育效果。这些对于农村小学生来说,都会触动他们的心灵,使得社会责任感在他们内心生根发芽。

培养学生的社会责任感,也就是说让孩子对自己有责任感,对国家、对民族有责任感,那么让孩子关心国际、国内大事是非常重要的。比方说发生金融危机,我们就要告诉孩子金融危机是怎么产生的,同时也要知道,经济危机到来的时候,有大批的工人失业,大批毕业生找不到工作。如果他明白这些,就会更明白学习的价值。

(三)教师要以身作则,强化阅读熏陶作用

教师要给学生树立正确的榜样模范作用,譬如:看到地上的纸屑,教师要弯腰捡起;随手整理教室书柜上没摆放好的图书;照顾生病的学生等。孩子们会从这些细小举动中感受到老师的责任心与爱心,并从中受到感染。

小学阶段,孩子们对一些有趣的儿童读物非常感兴趣。因此,在农村小学生社会责任感培养方面,可以采取编写儿童读物的方式,通过阅读让小学生受到社会责任意识的熏陶。例如,通过阅读材料中的一些关心集体、奉献社会、孝敬父母的案例,融入社会责任感教育思维意识,学生们在阅读时,教师加以引导讲解,让学生们知道社会责任感的重要作用和价值,这对于他们学习并强化社会责任感意识能够起到很好的效果。

(四)教师转变教育观念,加强国际观教育技能培训

教师是学校教育的直接执行者,要想加强学生国际观的教育,首先必须对教师提出相关要求。特别是像小学生这样年龄较小的学习者,国际观的形成更加依赖于教师的引导。这就要求教师转变传统的教育观念,树立面向全球化、现代化,更具宏观性、长远性、整体性的新时代教育观念。

除了转变教师的教育观念,加强教师国际观教育技能的培训也是必不可少的。学校要建立起教师国际观教育技能的培训常规,比如从国际观内涵、教学方法、教学技能

等方面出发,全面加强教师国际观教育理念,增加教师国际观教育知识,提升教师国际观教育素质。教师只有对国际观教育有了全面、深刻的认识,才能认识到国际观教育的重要性,才会在教学中特别关注国际观的教育,使学生的国际观知觉性得到提高,适应时代发展的需求。

(五)构建国际观教育的系统课程体系

小学也可以专门设置国际观教育的校本课程,通过国际观教育课程专门化来帮助学生提升跨文化交际能力,树立对境外国家地区和国际事务的正确认识,培养学生的国际情怀。不过,课程设置要依据小学生的认知发展和心理发展规律来操作,可以整合已有的课程,如英语、综合实践、思想品德等学科教育资源,在教学设计中增加或强化国际观教育的内容和目标,突出国际视野和态度的地位,让教师在教学中有的放矢地进行相关教育和引导。

在小学阶段,德育教育占有非常重要的地位,因此,在构建系统的国际观课程体系时,也要利用好学校的德育资源,通过各种德育活动来培养学生正确的国际观。

(六)营造国际观教育的校园文化氛围

小学生的国际观易受到外部环境的影响,学校还要在校园文化的建设和管理上动脑筋。在环境文化建设方面,学校要利用好校园里每一个场所,既可以在教室、报告厅、阅览室、英语角以及校园小景等显著的场所进行平面或立体的环境布置,也可以利用走廊、楼梯、墙报等微小处营造国际观教育的氛围,如张贴世界地图和展出世界各国的风景人文图片等,让每一面墙壁都会说话,成为国际观教育的阵地。

在精神文化建设方面,学校要从办学理念出发,充分理解国际观教育的重要性,从校风学风入手,融入培养世界公民的各项要求。还要充分利用好学生课余活动这个载体,如校园文化艺术节、社团活动、校外集体活动等,在组织开展活动时,既要考虑到民族传统文化的传承,也要适当增加世界文化的优秀内涵。在制定学校管理政策、学生行为准则和各项管理制度的时候,管理者自身要有国际观意识,以人为本,加强管理,通过制度充分保障学生受国际观教育的权利,杜绝教师占用学生的课余活动时间或挤压国际观课程的教学时间等现象。

第二节 山区儿童的理想

学校的理想教育是培养未来人才的希望,也是学生世界观、价值观、人生观的基准与定位。学生的理想教育应围绕中国特色社会主义的核心目标,以贯彻科学发展观,创建和谐校园为中心,注重情境教育,营造积极进取的氛围,努力培养现代化建设接班人。

一、理想

(一)理想的内涵

理想是人对未来事物的有一定根据的,较合理的,有实现可能的想象和希望。理想具有时代的特征,是人们通过社会实践,对客观的社会存在的反映。

通过心理学的观点来认识人的理想,它乃是人的一种想象的思维过程。这是因为理想是个没有实现的事物,同时又是人在对客观事物的感知中,在现实刺激物的影响下,运用思维对已感知的和已记忆的表象进行加工改造,创造地形成新形象的结果。

理想又是人的主体意识和集中体现,是伴随人生的过程而不断发展的,所以理想是人们在自己的人生实践中,根据对事物发展规律的认识而确立的人生奋斗目标,是对美好未来的向往和憧憬。理想包含三个基本要素:(1)人们的向往和追求,这是理想的实质;(2)现实生活发展趋势的可能性,这是理想的科学所在;(3)人们对未来发展的形象化构想,这是理想的表现状态。

从理想与社会存在的相互关系来看,理想是人的社会本质的主体性的鲜明表现,它具有四个基本性:

一是必须反映人们改造客观世界和主观世界的强烈愿望和进取精神。

二是不仅包含对社会生活可能性的想象,而且包含对社会发展的客观必然性的认识。

三是不仅表现个体的人生追求,而且表明这种人生追求与广大人民群众追求的一致性。

四是不仅预测了未来的美好前景,而且与现实的人生实践紧密相连,展示了理想的实践性。这四个特征的有机统一构成理想的本质,这也是理想的人生价值所在。背离了理想的本质,人们也许会有这样或那样的设想,但只能是不科学或脱离人生实际的幻想或空想而已。

从某种意义上来说,理想的培养也就是一种特殊形式的想象的培养,而任何想象又都是在反映客观事物的感知中进行的。任何理想教育也必须在人对客观事物感知的基础上进行,没有感知作为基础是无法进行理想教育的。因此,对农村学生进行理想教育也不能离开农村的客观现状和学生的理想特点来进行。同时,还要遵循从形象思维(具体的感知)到抽象思维(概念的形成)再到形象思维(合理的想象出自己的未来,即理想)的过程,采取具体、形象的疏导方法,在长期的潜移默化中教育他们。只有这样的理想教育,才能使学生树立起为社会主义献身的远大理想。

(二)理想的分类

从内容上看,人生理想可分为四个方面:生活理想、职业理想、道德理想和社会理想。

第一,生活理想。生活理想是人们对未来的物质、精神、文化方面的向往,它包括人们对吃、穿、住、用的构想以及对爱情、婚姻、家庭生活的目标。作为社会个体的人，衣、食、住、行等生活条件是维持生存和参与社会实践的基本保障。社会主义社会的生产目标就是不断满足人们不断增长的物质与文化需求。伴随着社会的进步，人民群众特别是青年对衣着、饮食、住房、交通有更高的追求。这种生活追求不仅反映了物质文明的进步，也反映了精神文明水平的提高。

第二，职业理想。职业理想是人们对未来的工作部门和工作种类以及业绩的向往，它在人的社会生活中有着重要地位。随着科技革命的进程，职业的分工越来越精细和多样，人们的职业理想也越来越丰富。无疑，学生的职业理想也是在直接和间接的社会实践中产生的，主要是在社会氛围、父母和亲友的评价、学校教育以及自身条件等多种因素影响下形成的。由于这些因素是不断演变的，所以学生的职业理想也是发展变化的。随着主体意识的增强，职业不仅仅是人谋生的手段，而且是通往事业成功的阶梯。因此，选择的职业是否理想应以能否发挥专长、服务社会，是否符合社会主义现代化建设需要为主要标准。正如马克思所说："在选择职业时，我们应该遵循的主要指针是人类的幸福和我们自身的完美。"

第三，道德理想。道德理想是人们向往的理想人格和社会风气，是关于人们的道德标准的理想。人生在世，总要与人交往，参与社会生活，难免要处理个人与他人、与集体、与社会的关系。这就需要遵循一定的道德准则，并以此规范自己的道德行为。在当前市场经济的大潮之中，我们正面对着见利忘义、拜金主义思想倾向的挑战，只有牢固地树立以集体主义为核心的道德理想，弘扬中华民族的优良传统美德，才能扬善弃恶。党和国家把加强思想道德建设作为实现社会主义现代化和社会主义精神文明的重要战略目标。广大青少年应该自觉地以实际行动参与社会主义道德的实践，为建设社会主义核心价值观努力，使人格从中得到熏陶和升华。

第四，社会理想。社会理想是人们对未来的社会制度、政治结构和社会风貌的总体设想，是人们的政治立场和世界观在奋斗目标上的集中体现。不同的阶级有着不同的社会理想。社会理想是人生理想系列中的最高层次，它反映了社会整体利益与个人的发展需要，规定并制约着其他理想内容。在社会主义条件下，社会理想和无产阶级的理想、中华民族共同的理想是一致的，集中地体现为对共产主义社会的向往和追求。在社会主义初级阶段，我国人民共同的社会理想是建设有中国特色的社会主义，把我国建设成为富强、民主、文明的社会主义现代化国家，这应该成为青年学生追求及为之奋斗的目标。

在人生理想的四个方面中，社会理想是起主导作用的。社会理想直接影响着人们的生活理想、职业理想和道德理想，支配着理想活动的方向和理想的性质，是人生理想的核心内容；其他理想也对人生起着不可忽视的重要作用。因此，一个人理想境界的高低，是由其追求什么样的社会理想决定的。我们要实现有意义的人生，应将人生理想的四个方面和谐地统一在我们的人生实践中，以鼓舞和指导我们的人生沿着正确的方向健康发展。

二、理想形成的阶段

(一)初始阶段

一般来讲,小学生依赖性强,对自我塑造属朦胧状态;初中生虽然生理心理有所发展,但由于文化知识的局限性,对理想的认识肤浅、模糊,个人的、现实的理想较多,远大的理想较少,或者说不稳定,为实现理想的奋斗意志还相当脆弱,停留在感性认识上。而初中毕业进入高中的学生,刚从繁重、紧张的升学压力和学习任务中解脱出来,学习环境变了,学习内容不同了,学习方法不同了,生活条件改变了,专业性强了,可以说上了一个新的阶梯,心理也随之产生变化,成熟的自我意识较浓,思维的能力增强,自治、自理、自立的意识逐步形成,兴趣爱好更加广泛,通过"社会人生""就业指导"等学科的学习,开始探索人生的价值和生活的意义,自我奋斗的目标、方向开始萌发。

(二)形成阶段

经过一个时期的文化基础知识、专业理论知识、实训操作、生产实习的学习,学生开始理论联系实际,关心自我,涉猎社会信息,思索自己应该具有什么样的理想,不断"自我设计"。理想在较多的方面开始分化,大部分学生思想活跃,积极进取,奋发向上,为即将步入社会做思想准备,将个人的理想与社会的需求结合起来。学生会更加严肃地观察、思索这一严峻的现实,这是理想形成阶段。

这两个阶段尽管体现了职校学生的思想个性特征,但每一个阶段的情况也不是绝对统一的,其中存在着一些差别。我国古代著名教育家孔子曾言,"柴也愚,参也鲁,师也辟,由也彦",这表明人的心理有千差万别。譬如城市学生与农村学生的差异,男生与女生的差异,优秀学生与困难生的差异,等等。

三、农村学生理想的现状

(一)生活理想占主要地位

在不指定理想类别的情况下,所有同学对理想的理解都停留在生活理想和职业理想,其中有部分同学的职业理想实际上是生活理想的延续,如有同学想成为明星、想成为主持人、想成为工程师等,但是仔细询问,却发现他们并不是基于明星、记者、主持人、工程师等的工作本身,而只是从生活中的某个侧面看到了这些职业光彩的一面,从而确定职业理想。由于中学生的能力和认知水平,学生对社会理想理解尚不透彻,回答也相对简单。他们对希望和平、相互尊重、友好考虑较少。而对于做一个对社会有用的人考虑较多,这还是职业理想和生活理想的延续。从这个方面来看,生活理想是初中生理想的主要动力。

(二)家庭影响偏弱,社交影响偏大

小学生和初中生正处于充满幻想的年龄,也是明确建立自己的理想时期。然而父母忙于为生活奔波,他们除了告诉孩子考大学外,并未实质上对孩子进行理想的教育。对于亲子分离的儿童更是如此。因此,农村孩子的理想,更多地收到同学的影响。他们认为自己的理想跟同桌或同学的理想一致,原因在于他们关系较好,以后想一直成为朋友。这点表明,同学之间的相互激励和交流可能成为成就理想和实现理想的一种重要手段。一般而言,学生的评价主要源自教师,学生之间的影响力尚未得到充分发挥。这种理想来源分布状况还说明一个重要的问题,在家庭教育占据主导地位的小学阶段,大部分学生并未思考过自己的未来,家长也并未给予农村初中生理想教育的现状、问题与实现足够的重视,理想只有和自己的兴趣、国家发展的需要相结合,才能对学生的学习产生有效的激励作用,这说明农村的学生很需要家长和教师真正贴心的关爱,要为他们的未来进行职业生涯规划,进行理想教育。

(三)实现理想的途径:集中于读书,但认知不深

经过引导,在学生选择了他们认为比较理想的职业理想和生活理想之后,让学生选择如何实现理想,绝大部分学生选择认真读书,但他们对于如何认真读书,读书与生活之间有何关系往往认识不深刻。同时,由于大部分同学的生活理想集中于金钱和社会权力,有些同学对为什么要读书的认识不深,从而导致学习兴趣不大,注意力不够集中。

那些将理想过分集中于生活理想,而未放在职业理想之上者,成绩普遍偏差,对于以学习获得生活改变的可能性不抱希望。大多数同学本能的理想都是生活理想,这种理想的最大特征就是缺少具体的实现路径,大多停留于心理层面的浅层认知上,往往既无动力实现,亦无具体措施。最终导致理想不能实现,理想成为空话。

(四)家庭影响根深蒂固,媒体影响富有煽动性

学生的理想不仅受学校和教师的影响,而且受家庭和父母的影响,不过媒体的影响更富有煽动性,对学生的影响深远。

很多学生一旦将学习和为人处事与偶像联系起来,则其实现相应理想的动力十足。同时,学生家庭收入对学生理想的影响较大,那些家庭收入相对较高,父母又未进行理想教育者,普遍缺乏思考,而家庭收入较低者,往往持否定性表达,理想就是"不干什么",这种表达的直接后果就是学生眼高手低,不知道如何去办事,而且不愿意去办事,学习以及生活随波逐流。

四、理想教育的原则

(一)理想教育制度化

制度是规范学生行为的准则。学校根据实际,制定《学生管理制度》,从学习到生活,行为习惯到品德修养,特别是针对不同年级,分层次对学生提出了全面的要求和

具体的规定。以法治校,严谨治学,狠抓落实,重在坚持,体现细节,定期检查,及时总结,以良好习惯养成为出发点,抵御不健康的或不适宜学生健康成长的生活方式的影响,营造积极向上、勤奋乐学的校风。由于学生自控力不足,光讲理想,没有严格的管理制度,理想教育将达不到预期的目的。为此,要将理想变成现实,必须坚持理想教育制度化。

(二)理想教育层次化

针对农村学生理想的形成特点,要进行分层教育。按年级分阶段安排理想教育内容,引导学生读名著、名人传记,激发学生立志成才,树立远大理想,增强对社会的责任感。通过具体事例分析,让学生明辨是非、真伪、善恶,从而使自己明确道德准则,然后通过畅谈的形式与学生进行理想、前途、世界观、人生观、价值观等方面的大讨论。

要以共产主义人生观、价值观为理想教育重点,通过理论课程学习,让学生学会运用马克思主义的观点、方法,善于去分析、观察社会现象。把个人的理想、志向、前途同社会需要、祖国需要联系起来,树立为中国特色社会主义建设做贡献,为共产主义奋斗终生的远大理想。

(三)理想教育具体化

共产主义理想来自生活实际,是社会进步、时代发展的必然。理想教育需要灌输,但灌输不是空洞地说教。理性的认识需要感性知识来支撑,在理想教育过程中,只讲空洞的大道理,学生难于接受,他们需要的是实际的、活生生的,最好是就近或身边的人和事,因此,在进行理想教育的时候,应注重实际,选择优秀事迹和人物作为教学内容,从实际出发,力求"文道"统一。以校园文化建设、青年志愿者服务等活动为载体,让具体化的理想教育呈现出勃勃生机。

(四)理想教育革命化

中华民族的美德,也是中国共产党的优良传统。面临当今消费较高的社会现实,特别要重视对学生在生活上进行传统的教育。通过理想与优良传统结合的教育,使学生深入了解继承的内涵,让学生面对生活的实际,激发爱国热情,使他们充满信心,以昂扬的意志去领悟人生的真谛,实现个人的理想,做一个有理想、有道德、有文化、有纪律的社会主义接班人。

五、农村初中生理想教育的方法与路径

(一)学校和教师应树立理想教育观念,重视学生间的理想互动

从目前来看,虽然班主任会进行一定的思想政治教育,但是缺乏对学生的理想教育,从而导致学生只能认识到眼前之物,无法形成长远的眼光。由于我们尚未改变以成绩论英雄的教学评价体系,这也导致学校和教师在对学生进行评价之时过于看重成绩,而忽视让学生自己思考人生、思考未来。为此,学校和教师不但应做好理想教育,而且

应以生活理想为着眼点,立足于职业理想的设定,做到以社会理想和个人理想为基本出发点,让每位学生,无论成绩好坏,都有能力实现自己的理想。

理想教育应重视学生间的互动,让学生们相互影响、共同促进、多多探讨、多多发言,让理想不时地回响在他们的耳边。

(二)家长应与教师和学校密切配合

目前,"读书无用论"又充斥在社会之上,从功利的角度来看,这种论点确实有部分市场,导致部分家长认为学校教育无用、教师无用、学生读书无用。针对这种情况,教师与学校应与家长在理想教育方面进行沟通,从而使得学校和教师能以社会理想和个人理想教育为起点,让学生树立正确的生活理想,从而选择好自己的职业理想。

(三)媒体应积极参与学生理想教育,为学生提供美好宽阔的理想世界

目前,各类媒体已全面渗透人们的生活世界,学生更是新媒体的积极使用者,但从已有的数据来看,中小学生在没有家长和教师的引导之下,主要是接触一些游戏以及娱乐性的内容。自2008年始,教育部和中央电视台合作,针对中小学生开讲《开学第一课》,获得了极大的成功,对学生的理想教育和学习教育起到了重要的作用。同时,鉴于一些真人秀类娱乐节目对中小学生影响较大,这类节目中的明星如能重视对学生理想的引导将能起到更重要的作用。

(四)重视社会理想和个人理想的培育

从目前来看,生活理想是学生的本能反应,职业理想是实现生活理想的基本手段,大部分学生能根据家庭、社会以及媒体提供的相关素材感知到。不过这两种理想提供给学生的往往是庸俗而物质化的理想,对学生正常社会心态的形成具有一定的负面作用。通过培育学生的社会理想和个人理想,让学生获得更多的班级承认、学校承认甚至是社会承认,能引导学生形成积极健康的价值观和人生观。

初中生正处于人生发展的重要时刻,即将进入青春期,在此之前接受理想教育,能够帮助他们树立正确的人生目标,激发他们好好学习、不断奋斗的动力。

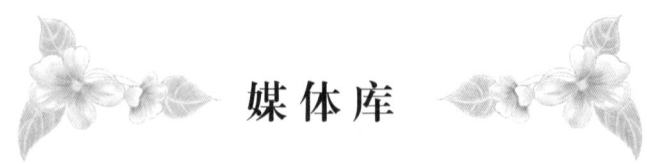

媒体库

一、资源拓展

1.视频赏析

(1)《一个都不能少》

http://list.youku.com/show/id_zcc035f22962411de83b1.html

(2)《天那边》

https://v.youku.com/v_show/id_XMTQ1NzEwMzEy.html?spm=a2h0k.11417342.soresults.dplaybutton&s=cc11c0b2962411de83b1

2.体验与感悟

(1)几个同学在一起畅谈一下理想。

(2)试着说说学会一门外语对自己有何意义？

3.讨论

理想是什么？社会理想与实用理想的关系如何？我的理想是什么？

二、阅读

我有一个梦想——马丁·路德·金演讲稿

今天,我高兴地同大家一起参加这次将成为我国历史上为争取自由而举行的最伟大的示威集会。

100年前,一位伟大的美国人——今天我们就站在他的雕像前——签署了《解放黑奴宣言》。这项重要法令的颁布,对于千百万灼烤于非正义残焰中的黑奴,犹如带来希望之光的硕大灯塔,恰似结束漫漫长夜禁锢的欢畅黎明。

然而100年后的今天,我们必须正视黑人还没有得到自由这一悲惨的事实。100年后的今天,在种族隔离的镣铐和种族歧视的枷锁下,黑人的生活备受压榨。100年后的今天,黑人仍生活在物质充裕的海洋中一个穷困的孤岛上。100年后的今天,黑人仍然蜷缩在美国社会的角落里,并且意识到自己是故土家园中的流亡者。今天我们在这里集会,就是要把这种骇人听闻的情况公诸世人。

就某种意义而言,今天我们是为了要求兑现诺言而汇集到我们国家的首都来的。我们共和国的缔造者草拟宪法和独立宣言的气壮山河的词句时,曾向每一个美国人许下了诺言,他们承诺所有人——不论白人还是黑人——都享有不可让渡的生存权、自由权和追求幸福权。

就有色公民而论,美国显然没有实践她的诺言。美国没有履行这项神圣的义务,只是给黑人开了一张空头支票,支票上盖着"资金不足"的戳子后便退了回来。但是我们不相信正义的银行已经破产,我们不相信,在这个国家巨大的机会之库里已没有足够的储备。因此今天我们要求将支票兑现——这张支票将给予我们宝贵的自由和正义保障。

我们来到这个圣地也是为了提醒美国,现在是非常急迫的时刻。现在绝非奢谈冷静下来或服用渐进主义的镇静剂的时候。现在是实现民主诺言的时候。现在是从种族隔离的荒凉阴暗的深谷攀登种族平等的光明大道的时候,现在是向上帝所有的儿女开放机会之门的时候,现在是把我们的国家从种族不平等的流沙中拯救出来,置于兄弟情谊的磐石上的时候。

如果美国忽视时间的迫切性和低估黑人的决心,那么,这对美国来说,将是致命伤。自由和平等的爽朗秋天如不到来,黑人义愤填膺的酷暑就不会过去。1963年并不意味着斗争的结束,而是开始。有人希望,黑人只要撒撒气就会满足;如果国家安之若素,毫无反应,这些人必会大失所望的。黑人得不到公民的基本权利,美国就不可能有安宁或平静,正义的光明的一天不到来,叛乱的旋风就将继续动摇这个国家的基础。

但是对于等候在正义之宫门口的心急如焚的人们,有些话我是必须说的。在争取合法地位的过程中,我们不要采取错误的做法。我们不要为了满足对自由的渴望而抱着敌对和仇恨之杯痛饮。我们斗争时必须永远举止得体,纪律严明。我们不能容许我们的具有崭新内容的抗议蜕变为暴力行动。我们要不断地升华到以精神力量对付物质力量的崇高境界中去。

现在黑人社会充满着了不起的新的战斗精神,但是不能因此而不信任所有的白人。因为我们的许多白人兄弟已经认识到,他们的命运与我们的命运是紧密相连的,他们今天参加游行集会就是明证。他们的自由与我们的自由是息息相关的。我们不能单独行动。

当我们行动时,我们必须保证向前进。我们不能倒退。现在有人问热心民权运动的人:"你们什么时候才能满足?"

只要黑人仍然遭受警察难以形容的野蛮迫害,我们就绝不会满足。

只要我们在外奔波而疲乏的身躯不能在公路旁的汽车旅馆和城里的旅馆找到住宿之所,我们就绝不会满足。

只要黑人的基本活动范围只是从少数民族聚居的小贫民区转移到大贫民区,我们就绝不会满足。

只要我们的孩子被"仅限白人"的标语剥夺自我和尊严,我们就绝不会满足。

只要密西西比州仍然有一个黑人不能参加选举,只要纽约有一个黑人认为他的投票无济于事,我们就绝不会满足。

不!我们现在并不满足,我们将来也不满足,除非正义和公正犹如江海之波涛,汹涌澎湃,滚滚而来。

我并非没有注意到,参加今天集会的人中,有些受尽苦难和折磨,有些刚刚走出窄小的牢房,有些由于寻求自由,曾在居住地惨遭疯狂迫害的打击,并在警察暴行的旋风中摇摇欲坠。你们是人为痛苦的长期受难者。坚持下去吧,要坚决相信,忍受不应得的痛苦是一种赎罪。

让我们回到密西西比去,回到亚拉巴马去,回到南卡罗来纳去,回到佐治亚去,回到路易斯安那去,回到我们北方城市中的贫民区和少数民族居住区去,要心中有数,这种状况是能够也必将改变的。

我们不要陷入绝望而不可自拔。朋友们,今天我对你们说,在此时此刻,我们虽然遭受种种困难和挫折,我仍然有一个梦想,这个梦想深深扎根于美国的梦想之中。

我梦想有一天,这个国家会站立起来,真正实现其信条的真谛:"我们认为真理是不言而喻,人人生而平等。"

我梦想有一天,在佐治亚的红山上,昔日奴隶的儿子将能够和昔日奴隶主的儿子坐在一起,共叙兄弟情谊。

我梦想有一天,甚至连密西西比州这个正义匿迹,压迫成风,如同沙漠般的地方,也将变成自由和正义的绿洲。

我梦想有一天,我的四个孩子将在一个不是以他们的肤色,而是以他们的品格优劣来评价他们的国度里生活。

今天,我有一个梦想。我梦想有一天,亚拉巴马州能够有所转变,尽管该州州长现在仍然满口异议,反对联邦法令,但有朝一日,那里的黑人男孩和女孩将能与白人男孩和女孩情同骨肉,携手并进。

今天,我有一个梦想。

我梦想有一天,幽谷上升,高山下降;坎坷曲折之路成坦途,圣光披露,满照人间。

这就是我们的希望。我怀着这种信念回到南方。有了这个信念,我们将能从绝望之岭劈出一块希望之石。有了这个信念,我们将能把这个国家刺耳的争吵声,改变成一支洋溢手足之情的优美交响曲。

有了这个信念,我们将能一起工作,一起祈祷,一起斗争,一起坐牢,一起维护自由;

因为我们知道,终有一天,我们是会自由的。

在自由到来的那一天,上帝的所有儿女们将以新的含义高唱这支歌:"我的祖国,美丽的自由之乡,我为您歌唱。您是父辈逝去的地方,您是最初移民的骄傲,让自由之声响彻每个山冈。"

如果美国要成为一个伟大的国家,这个梦想必须实现!

让自由之声从新罕布什尔州的巍峨的崇山峻岭响起来!

让自由之声从纽约州的崇山峻岭响起来!

让自由之声从宾夕法尼亚州的阿勒格尼山响起来!

让自由之声从科罗拉多州冰雪覆盖的落基山响起来!

让自由之声从加利福尼亚州蜿蜒的群峰响起来!

不仅如此,还要让自由之声从佐治亚州的石岭响起来!

让自由之声从田纳西州的瞭望山响起来!

让自由之声从密西西比的每一座丘陵响起来!

让自由之声从每一片山坡响起来!

当我们让自由之声响起,让自由之声从每一个大小村庄、每一个州和每一个城市响起来时,我们将能够加速这一天的到来,那时,上帝的所有儿女,黑人和白人,犹太教徒和非犹太教徒,耶稣教徒和天主教徒,都将手携手,合唱一首古老的黑人灵歌:

"自由啦!自由啦!感谢全能上帝,我们终于自由啦!"

(https://baike.so.com/doc/5372456-5608389.html)

参考文献

[1]薛安琦.小学生国际观及其影响因素[D].苏州:苏州大学,2016.

[2]朱兴德,程宏.开展国际理解教育,培养学生全球视野[J].思想理论教育,2010(18):4-8.

[3]吴焕烘,黄月纯,张宇梁.两岸城市小学生国际观之研究[C].教育发展研究官网.

[4]林石炜,符海兰.当前农村小学德育实践中的困境与对策[J].河南农业,2017(4):19.

[5]刘文英.7~12岁小学生责任心问卷的编制及应用[D].赣州:赣南师范学院,2013.

[6]薛琴.漫谈班主任如何培养小学生的社会责任意识[J].班主任之友,2017(8):15.

[7]顾沁麟.当前我国小学生责任心养成的问题与策略研究[D].重庆:西南大学,2013.

[8]王荣珍,王少辉.农村民办小学的国家观念传播——以河北省大名县英才学校

为例[J].东南传播,2017(4):124-127.

[9]庞华忠.农村职高学生理想教育探索[J].农村教育,2018(10):41-42.

[10]陈伯华.农村初中生理想教育的现状、问题与实现[J].教学与管理,2018(8):29-30.

[11]韩冬临.想象的世界:中国公众的国际观[M].北京:社会科学文献出版社,2012:25-27.

[12]李慎明.中国民众的国际观(第2辑)[M].北京:社会科学文献出版社,2009:1.

[13]人类命运共同体[EB/OL].[2018-10-12].https://baike.so.com/doc/7184179-7408289.html.

[14]国家观,民族观,历史观,文化观,宗教观指的是什么?[EB/OL].(2013-07-05)[2018-10-12].https://wenda.so.com/q/1373018095069912.

[15]最高理想的内涵、特征、意义[EB/OL].(2016-09-08)[2018-10-12].https://wenda.so.com/q/1473523101728112.

后记：乡村之恋

我喜欢山区，我喜欢乡村。

我出生在黄土高原的一座山城，从很小的时候，我就好奇山那边有什么。书上说：黄土高原在中国北方地区与西北地区的交界处，它东起太行山，西至乌鞘岭，南连秦岭，北抵长城；黄土高原，气候较干旱，降水集中，植被稀疏；黄土高原，水土流失严重，沟壑纵横，山地与断谷、盆地相间分布。

在我的眼中，黄土高原的山，不高，山那边总有塬、梁、峁，还有一个个不一样的村庄，它们错落在塬和盆地间。登高望远，无尽的塬、梁、峁，层峦叠嶂，一直连绵不断到天边。这是沟沟坎坎的海，是一眼望不尽的山梁啊！这是我对世界的最初了解吧。大了，我走出了山城，进了屹立在平原的大城市，我知道了外面的世界很大，也很精彩。世界是奇妙的，也是十里不同天的。从此，伴随着年轻悸动的心，我开始人在旅途，行走在山那边的一个又一个的五彩故事里。

我是喜欢乡村的，尤其是山区的乡村。平原的乡村千篇一律，缺少变化，不能满足我驿动的心。山区的乡村却似一首诗，有山有水，变化多，景致也美。然而，由于交通不便，山区的乡村大凡都落后，但山区峰回路转，总能召唤我沿着曲径去探幽，发现不曾见到的奇异。这些都是我儿时的好奇与冒险心理，成年后为生活所迫我早已没有了那样的雅兴了。

到了五十多岁的年龄，我厌倦了大城市的喧闹，又喜欢抽空到山区，尤其乡下走走。置身于山涧，听泉水的叮咚，爬上山巅，看雾起云散。在幽幽空谷憋足劲吆喝一声，让周身从脚到头爽一下，然后长长吸一口清甜的空气，那沁人心脾的美妙，会让我忘了一天的各种烦恼。这久违的轻松能让我放空一周来的各种思虑，让我心泰身宁，回归内心，问道：是否为世俗所诱我走偏了方向，是否迷失了我的本性……

令我欣慰的是，五十多岁的年纪，我赶上了国家乡村振兴的好时期。现在到乡村走走，满心欢喜：乡村平坦的柏油马路，乡村的青山绿水、古色古香的乡村建筑，尤其是乡村漂亮的校舍和乡村文化站。这是美丽乡村的最美风景。

乡村振兴，要关注下一代的教育，百年大计，教育为本。

乡村振兴，要用优秀的文化武装农民的心灵。

乡村振兴，要关爱农村亲子分离儿童，让他们有一个充满爱的家。

乡村振兴，最美的事业是乡村教育的振兴，中国广大农村的复兴，才是我们民族复兴的根本。

我喜欢农村,伴随着乡村振兴,我以后去乡村,绝不是匆匆看景,而是走近乡村的教育,走进乡村的学校。无论如何,关爱乡村教育是我乡村之恋的灵魂。

如果与朋友一块远足,造访乡间的学校,与相遇的路人攀谈,我一定了解他们的烦恼,问他们生命最初的追求,我想从他们那朴实的话里,了解我曾有过的生命感动,也想从他们真实的艰难谋生中,强化我对生命的认识。这是一种很难忘的人生旅行,我虽身居大学的象牙塔却为乡村的雨露所滋润,在这样时空的转换中,我不忘生命的根,让自己对生活永葆一个孩子般的童心。乡村之行让我不忘初心,让我叩问内心生命的源。

城里的人,若干年前不是从乡村走出来的吗?人类不也是从巍峨的大山中走向平原而建立城镇的吗?中国革命的成功不也是从农村包围城市而最后取得成功的吗?决定新中国建立的几大战役不也是农民用独轮车推出来的吗?……

乡村振兴是一个英明的决策,乡村的老百姓是我们的父老乡亲,也是我们生命的根。中国的富强与决胜之战在农村,关注乡村,让亿万农民富裕起来,这是一个伟大的中国梦。

我关注山区,我关爱农村,我想与你一同走进乡村,抒写新的乡愁,把文明的种子播进大山与乡村。

乡村之恋,教育先行!这本书是我走进乡村的一面旗,关注山区教育,关爱乡村儿童是我明天的使命!

宋兴川

2018 年 11 月